ヤバい生きもの

小野寺佑紀・著
大西信弘・監修
いのうえさきこ・絵

集英社みらい文庫

ヤバい生《い》きもの

もくじ

1 体《からだ》のつくりがヤバい

チョウチンアンコウ…6
ヤモリ…10
ネモリア・アリゾナリア…14
シマウマ…18
フクロウ…22
ブチハイエナ…26

2 マヌケっぷりがヤバい

ウシグソヒトヨタケ…32
テングザル…36
トカゲ…40
トゥンガラガエル…44
トビイカ…48

3 生態《せいたい》がヤバい

エゾマイマイ…54
アメリカイセエビ…58
ヒトデ…62
ウツボカズラ…66
クロソラスズメダイ…70
ウェルウィッチア…74
ゾウアザラシ…78
キョクアジサシ…82

4 強《つよ》くてヤバい

ゾウ…90
スベスベマンジュウガニ…94
カラス…98
ラーテル…102
バーチェルグンタイアリ…106
マッコウクジラ…110
カバ…114

5 とにかくヤバい

シカ…122
チンパンジー…126
クロマグロ…130
デンキウナギ…134
コウテイペンギン…138
フウチョウ…142

6 この先《さき》、危険《きけん》!! 気持《きも》ち悪《わる》くてヤバい

ウオノエ…150
メジナ虫《ちゅう》…154
ミツクリザメ…158
マダニ…162

ヤバい生《い》きもの調査隊《ちょうさたい》!…4
あとがき…168
主《おも》な参考文献《さんこうぶんけん》…170

コラム

へんな名前《なまえ》の生《い》きもの、紹介《しょうかい》します! 〈その1〉…30
オーストラリアを糞《ふん》まみれから救《すく》った、昆虫《こんちゅう》の話《はなし》…52
へんな名前《なまえ》の生《い》きもの、紹介《しょうかい》します! 〈その2〉…86
歴史上《れきしじょう》もっともヤバい細菌《さいきん》!? ペスト菌《きん》…118
「人間《にんげん》」は、ほかの生《い》きものとどうちがう?…146
ウジが人《ひと》を救《すく》う??…166

ヤバい生《い》きもの調査隊《ちょうさたい》！

みなさん、はじめまして。島野《しまの》イルカです。

わけあって「ヤバい生《い》きもの」を調《しら》べている、若《わか》き生物学者《せいぶつがくしゃ》といえば僕《ぼく》のこと。

まだかけ出《だ》しの研究者《けんきゅうしゃ》だけど、世界中《せかいじゅう》があっとおどろく大発見《だいはっけん》を……なんて、夢《ゆめ》はでっかいんだけれど、まぁ、夢《ゆめ》くらいは大《おお》きく持《も》たないとねぇ！

この地球《ちきゅう》には多《おお》くの生《い》きものが暮《く》らしている。その中《なか》には、「ヤバいぞこれ！」と叫《さけ》びたくなるようなものがけっこういるんだ。そんな生《い》きものを研究《けんきゅう》している科学者《かがくしゃ》が世界中《せかいじゅう》にいっぱいいる。僕《ぼく》はどんな研究《けんきゅう》があるかを調《しら》べて、みんなに紹介《しょうかい》するために調査隊《ちょうさたい》をつくった。

その名《な》も「ヤバい生《い》きもの調査隊《ちょうさたい》」！

隊長《たいちょう》はもちろんこの僕《ぼく》だ。

隊員《たいいん》は……まだいない。３６５日募集中《にちぼしゅうちゅう》！

おもしろそうだと思《おも》ったらキミもぜひ隊《たい》に加《くわ》わってほしいな。

生《い》きものの世界《せかい》は奥深《おくぶか》く、謎《なぞ》がいっぱいなんだ。

さあ、ヤバい生《い》きものの世界《せかい》をのぞいてみよう！

島野《しまの》イルカ(♂) 20代後半《だいこうはん》
生物学者《せいぶつがくしゃ》

1章《しょう》

体《からだ》のつくりがヤバい

メスだけがステキなチョウチンをぶら下《さ》げて生《い》きる！

体《からだ》のつくりがヤバい

チョウチンアンコウ

★特徴《とくちょう》など…光《ひか》る「誘引突起《ゆういんとっき》」を持《も》つ
★生息地《せいそくち》……世界中《せかいじゅう》の熱帯《ねったい》・温帯《おんたい》の深海《しんかい》
★分類《ぶんるい》………アンコウ目《もく》チョウチンアンコウ科《か》

●提灯《ちょうちん》の中《なか》にいるのはなんと「光《ひか》る細菌《さいきん》」！

チョウチンアンコウは、おとぎ話《ばなし》に出《で》てくる生《い》きものみたいだ。体《からだ》はまんまるで、黒《くろ》っぽい色《いろ》をしていて、口《くち》がとっても大《おお》きい。この大《おお》きな口《くち》でなんと自分《じぶん》の体《からだ》よりも大《おお》きな獲物《えもの》ものみこめるというからすごい。

いちばんの特徴《とくちょう》は、頭《あたま》から生《は》えたなんともユニークな**「チョウチン」**。

これは、背《せ》びれの軸《じく》が変化《へんか》して竿《さお》のように長《なが》く伸《の》びたもので、その先《さき》に疑似餌《ぎじえ》（ルアー）がついている。この部分《ぶぶん》をふらふらさせて獲物《えもの》をおびき寄《よ》せると考《かんが》えられているんだ。

それじゃあ「提灯《ちょうちん》」じゃなくて「釣《つ》り竿《ざお》」じゃないの、と思《おも》ったキミ。そのとおり！

でも、これは提灯《ちょうちん》なんだ。

なぜならこの**疑似餌《ぎじえ》は光《ひか》る**のだ！

しかもその光《ひかり》のもとは、チョウチンアンコウが疑似餌《ぎじえ》の中《なか》で飼《か》っている**「光《ひか》る細菌《さいきん》」**だというからおどろきだよね。

光《ひか》る細菌《さいきん》を提灯《ちょうちん》に入《い》れて、明《あ》かりをともす魚《さかな》……。ぜひとも泳《およ》いでいる姿《すがた》を見《み》てみたいもんだ！

●**提灯《ちょうちん》を持《も》っているのは、じつはメスだけ!!**

光《ひか》る細菌《さいきん》は、チョウチンアンコウから酸素《さんそ》や栄養《えいよう》をもらって生《い》きている。そのかわり、チョウチンアンコウは細菌《さいきん》の光《ひかり》を利用《りよう》する。光《ひかり》で獲物《えもの》をおびき寄《よ》せるんだ。近寄《ちかよ》ってきた獲物《えもの》に光《ひか》る細菌《さいきん》を浴《あ》びせかけることもあるらしい。びっくりさせてそのすきに食《た》べてしまう作戦《さくせん》なのかもしれない。

細菌《さいきん》が光《ひか》るしくみは、みんなも知《し》っているホタルと同《おな》じだ。体内《たいない》の「ルシフェリン」という物質《ぶっしつ》に、「ルシフェラーゼ」という酵素《こうそ》がまざると、化学反応《かがくはんのう》がおきて光《ひか》るんだ。

光《ひか》る細菌《さいきん》を育《そだ》ててみたらおもしろそうだけれど、提灯《ちょうちん》から細菌《さいきん》をとり出《だ》して、人《ひと》の手《て》で育《そだ》てても光《ひか》らないんだって。これについてはまだ理由《りゆう》はわかっていない。

チョウチンアンコウの疑似餌《ぎじえ》からは、ひものような飾《かざ》りが何本《なんぼん》も伸《の》びている。そしてこのひもの先《さき》も光《ひか》っている。水中《すいちゅう》で撮《と》った映像《えいぞう》を見《み》ると、ひもがゆらゆら揺《ゆ》れ、その先《さき》がきらきら光《ひか》ってとてもきれいだ。

ところで、これらの特徴《とくちょう》はすべてメスのものなんだ。

チョウチンアンコウのオスには、**提灯《ちょうちん》がない**。体《からだ》の大《おお》きさもメスのおよそ10分《ぶん》の1しか

ないんだ！
オスとメスが出合《であ》うと、オスはメスの体《からだ》にかみついてくっつく。そしてその状態《じょうたい》で繁殖《はんしょく》する。チョウチンアンコウのオスは再《ふたた》び離《はな》れて自由《じゆう》に泳《およ》ぐけど。しかし、チョウチンアンコウの仲間《なかま》の中《なか》には、そのままメスの体《からだ》にくっついて、メスの体《からだ》に吸収《きゅうしゅう》されてしまうものもいる。そうなったオスはまるでメスのイボ。
ちょっとせつないけれど、それがこの魚《さかな》のオスの〝人生《じんせい》〟なんだ。

人間《にんげん》もナノテクノロジーで
まねをした
足裏《あしうら》の秘密《ひみつ》!

体《からだ》のつくりがヤバい

ヤモリ

★特徴《とくちょう》など…小《ちい》さくほっそりした体《からだ》で、ほとんどが夜行性《やこうせい》
★生息地《せいそくち》……熱帯《ねったい》、亜熱帯《あねったい》、温帯《おんたい》
★分類《ぶんるい》……有鱗目《ゆうりんもく》ヤモリ科《か》

●なぜ天井《てんじょう》をはいまわれるのか？

日本《にほん》の本州《ほんしゅう》、四国《しこく》、九州《きゅうしゅう》でよく見《み》られるヤモリは「ニホンヤモリ」。10センチメートルくらいの大《おお》きさで、薄《うす》い灰色《はいいろ》の体《からだ》をしている。見《み》かけたことはあるかな？

ヤモリは壁《かべ》でも天井《てんじょう》でも落《お》ちることなく、自由自在《じゆうじざい》に動《うご》きまわる。ナメクジも同《おな》じようなことができるけれど、ナメクジはネバネバの粘液《ねんえき》を体《からだ》から出《だ》して、壁《かべ》にくっついている。

しかし、ヤモリは粘液《ねんえき》を出《だ》さない。では、どうやって壁《かべ》にくっついているのか？

これは生物学《せいぶつがく》の世界《せかい》では長年《ながねん》の謎《なぞ》だったんだ!!

それがあきらかになったのは、2000年《ねん》。

ヤモリの〝足《あし》の裏《うら》〟を電子顕微鏡《でんしけんびきょう》で調《しら》べたところ、**なんと毛《け》がいっぱい生《は》えていたんだ！**

その数《かず》は、1平方《へいほう》センチメートル（親指《おやゆび》の爪《つめ》くらい）あたりおよそ50万本《まんぼん》！

毛《け》の太《ふと》さはヒトの髪《かみ》の毛《け》のおよそ10分《ぶん》の1ほどで、**毛先《けさき》はたくさん枝《えだ》わかれしていて、さらに細《ほそ》い毛《け》になっていたんだ。**

この細《ほそ》い毛《け》の数《かず》は、1平方《へいほう》センチメートルあたりなんと10億本《おくほん》にもなる。そんな小《ちい》さな面積《めんせき》に、こんなに生《は》えているなんて、びっくりだ。

●極細《ごくぼそ》の毛《け》ひとつひとつが壁《かべ》の分子《ぶんし》とくっつき合《あ》う

では、なんで足《あし》の裏《うら》に毛《け》があるだけで、天井《てんじょう》から落《お》ちないのだろう?

ちょっと難《むずか》しい話《はなし》になるんだけど、それは「分子《ぶんし》」の力《ちから》が関《かか》わっている。

足《あし》の裏《うら》の毛《け》も、壁《かべ》や天井《てんじょう》も、とことん細《こま》かく見《み》ていくと「分子《ぶんし》」と呼《よ》ばれる小《ちい》さな粒子《りゅうし》でできていることがわかる。

分子《ぶんし》と分子《ぶんし》は、めいっぱい近《ちか》づくと、互《たが》いにくっつこうとする力《ちから》がはたらく。

この力《ちから》を「ファンデルワールス力《りょく》」という。ただしとっても弱《よわ》い力《ちから》なので、ふだん、僕《ぼく》たちがこの力《ちから》を感《かん》じることは……ない。

ヤモリの足《あし》の裏《うら》の毛《け》は、ものすごーーくたくさんあるから、そのひとつひとつが、壁《かべ》や天井《てんじょう》を形《かたち》づくるたくさんの分子《ぶんし》と近《ちか》づいて、ファンデルワールス力《りょく》が生《う》まれ、ヤモリの体《からだ》を支《ささ》えるのに十分《じゅうぶん》な力《ちから》になるんだ。

こうして壁《かべ》や天井《てんじょう》についているヤモリの足《あし》は、動《うご》かすだけで簡単《かんたん》にはがすこともできる。

自然界《しぜんかい》が生《う》み出《だ》した、きわめてすぐれた粘着《ねんちゃく》のしくみなんだ。

あまりにもすばらしいので、このヤモリの足《あし》の裏《うら》の毛《け》をまねて、ナノテクノロジー(人《にん》

間《げん》の目《め》では見《み》えないきわめて小《ちい》さなものをつくる技術《ぎじゅつ》のこと）で粘着《ねんちゃく》テープをつくり出《だ》した会社《かいしゃ》もある。

「ヤモリテープ」と呼《よ》ばれているそのテープは、ヤモリと同《おな》じように細《こま》かい人《じん》工《こう》の毛《け》がたくさんついていて、1平方《へいほう》センチメートルくらいの大《おお》きさでペットボトル1本《ぽん》くらいの重《おも》さ（およそ500グラム）を支《ささ》えることができるらしい。

僕《ぼく》の手《て》の平《ひら》と足《あし》の裏《うら》にこのテープを貼《は》れば、壁《かべ》をのぼれるかな!?

まちがえてつかんじゃいそう！
食《た》べたものそっくりに変身《へんしん》する
アメリカ在住《ざいじゅう》のイモムシ

ネモリア・アリゾナリア

体《からだ》のつくりがヤバい

★特徴《とくちょう》など…羽化《うか》すると、エメラルド色《いろ》の蛾《が》になる
★生息地《せいそくち》……北《きた》アメリカ
★分類《ぶんるい》……チョウ目《もく》シャクガ科《か》

●魚《さかな》ばかり食《た》べても、魚《さかな》みたいな体《からだ》にはならない

僕《ぼく》たちの体《からだ》は食《た》べたものでできているから、食《た》べものは僕《ぼく》たちの体《からだ》を変《か》える力《ちから》を持《も》っている。食《た》べ過《す》ぎたら太《ふと》るし、食《た》べものの種類《しゅるい》によっては骨《ほね》が強《つよ》くなったり、肌《はだ》がきれいになったりする。また、その逆《ぎゃく》もある。

でも、食《た》べものによって体《からだ》の形《かたち》が劇的《げきてき》に変《か》わってしまうなんてことはないよね。たとえば、サンマばかりを食《た》べつづけたとしても、サンマのような体《からだ》になることはないし、トマトを食《た》べてもトマトのような形《かたち》にはならない。夕飯《ゆうはん》に牛肉《ぎゅうにく》を食《た》べて、朝起《あさお》きたときにウシのようになっていたなんてことがあったら、びっくり仰天《ぎょうてん》だよね。

しかし、**食《た》べものによって劇的《げきてき》に体《からだ》の形《かたち》が変《か》わる**生《い》きものがいる。

それは、アメリカにいる「ネモリア・アリゾナリア」というイモムシ。イモムシの中《なか》でも、とくに〝シャクトリムシ〟と呼《よ》ばれるグループの蛾《が》の幼虫《ようちゅう》だ。

シャクトリムシの仲間《なかま》はみんな細長《ほそなが》——い体《からだ》をしていて、頭《あたま》の方《ほう》とおしりの方《ほう》の2か所《しょ》に脚《あし》がまとまってついている。だから細長《ほそなが》い体《からだ》を伸《の》ばしたり曲《ま》げたりして歩《ある》くことになる。その姿《すがた》が親指《おやゆび》と人差《ひとさ》し指《ゆび》で長《なが》さ（昔風《むかしふう》にいうと尺《しゃく》）を測《はか》っているように見《み》えるから、尺《しゃく》と

り虫《むし》と呼《よ》ばれている。

●季節《きせつ》に応《おう》じて、花《はな》に化《ば》けたり、枝《えだ》に化《ば》けたり

劇的《げきてき》に体《からだ》が変《か》わる、ネモリア・アリゾナリアが生《う》まれ育《そだ》つのはナラの木《き》だ。春《はる》に生《う》まれた幼虫《ようちゅう》は、ナラの花《はな》を食《た》べてすくすくと育《そだ》つ。すると、ナラの花《はな》にそっくりな姿《すがた》になる。体《からだ》は黄色《きいろ》みをおびていて、体中《からだじゅう》にごつごつとした突起物《とっきぶつ》も持《も》っている。なんと、背中《せなか》には黒《くろ》い斑点《はんてん》まであって、それはまるでナラの花《はな》とうりふたつなんだ。

一方《いっぽう》、夏《なつ》に生《う》まれた幼虫《ようちゅう》は、もう花《はな》の時期《じき》は終《お》わっているので、ナラの木《き》の葉《は》っぱを食《た》べて育《そだ》っていく。すると、ナラの若《わか》い枝《えだ》とそっくりな姿《すがた》になる。体《からだ》は灰色《はいいろ》っぽい緑色《みどりいろ》で、突起物《とっきぶつ》はほとんどない。じっとした立《た》ち姿《すがた》まで、本物《ほんもの》の枝《えだ》とそっくりになるんだ！

なぜ、こんなことがおきるのかを調《しら》べたところ、どうやら葉《は》や花《はな》に含《ふく》まれている「タンニン」という物質《ぶっしつ》が関《かか》わっていることがわかった。

葉《は》には、花《はな》よりもたくさんのタンニンが含《ふく》まれている。タンニンをたくさん食《た》べたイモムシは若《わか》い枝《えだ》のような姿《すがた》になり、タンニンを少《すこ》しの量《りょう》だけ食《た》べたイモムシは花《はな》のような姿《すがた》

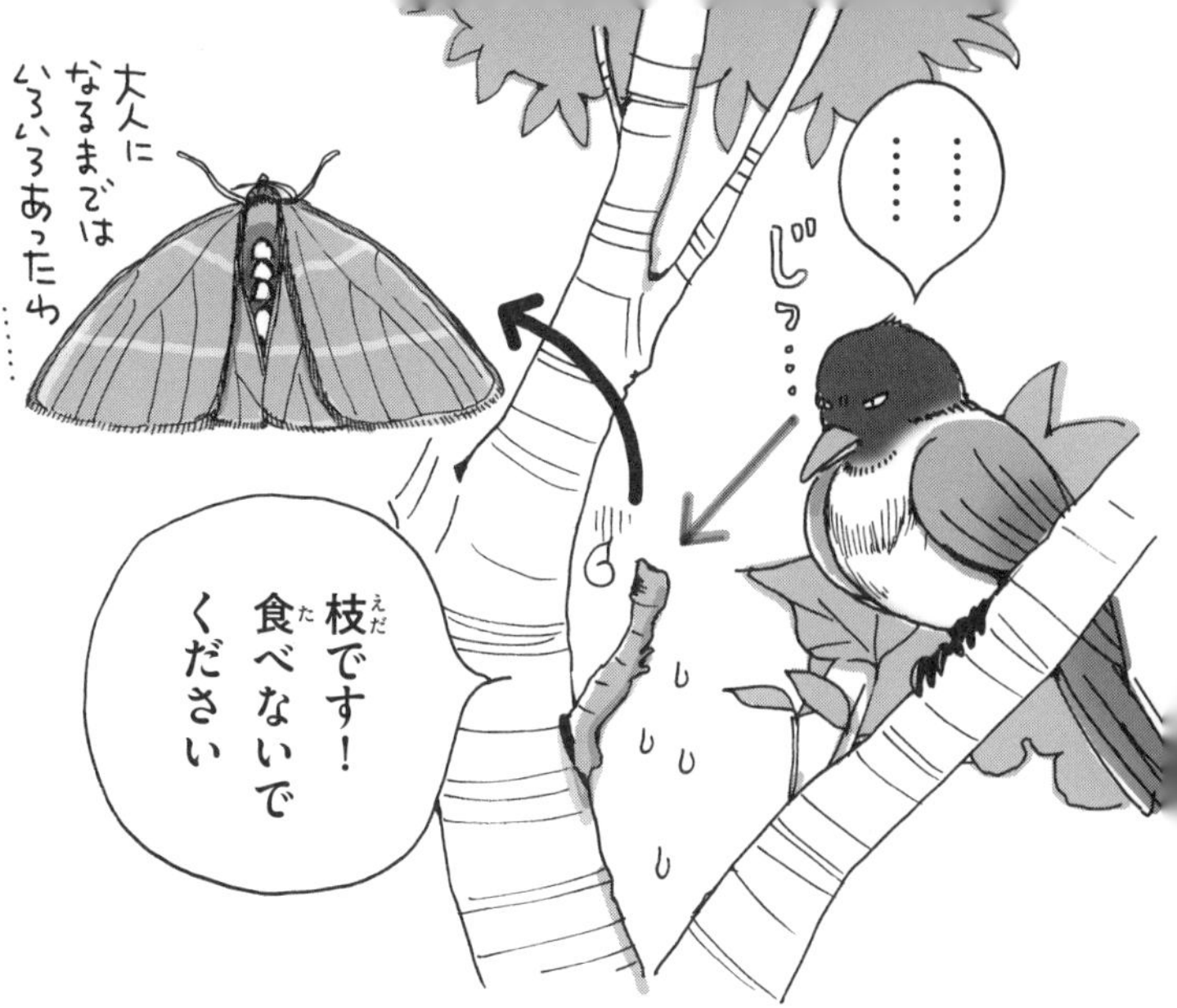

になるということらしい。
タンニンがどのようにイモムシの体内《たいない》ではたらいて、このように体《からだ》が変化《へんか》するのかは、よくわかっていない。しかし、**春《はる》に生《う》まれたイモムシは花《はな》に化《ば》けて、夏《なつ》に生《う》まれたイモムシは若《わか》い枝《えだ》に化《ば》ける。**そして、鳥《とり》などの捕食者《ほしょくしゃ》の目《め》をだましていると考《かんが》えられている。
花《はな》にそっくりな昆虫《こんちゅう》や枝《えだ》にそっくりなイモムシはほかにもいるけど、ネモリア・アリゾナリアのように食《た》べものによって姿《すがた》が変《か》わる生《い》きものはとっても珍《めずら》しいんだ。

人間《にんげん》も縞模様《しまもよう》の服《ふく》を着《き》たら
彼《かれ》らのようになれる?
あの柄《がら》は○○○のためだった!

シマウマ

体《からだ》のつくりがヤバい

★特徴《とくちょう》など…英語《えいご》の名前《なまえ》は「ゼブラ」
★生息地《せいそくち》……アフリカ
★分類《ぶんるい》……ウマ目《もく》ウマ科《か》

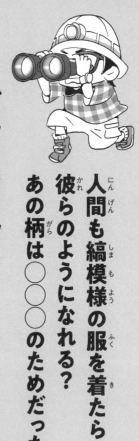

●おしゃれな白黒《しろくろ》の縞模様《しまもよう》。そのわけは?

シマウマの縞模様《しまもよう》は、動物界《どうぶつかい》でもっともステキなデザインで、謎《なぞ》めいたもののひとつだ。

なぜ白《しろ》と黒《くろ》のはっきりとした縞模様《しまもよう》を持《も》つようになったのか?

これまでに考《かんが》え出《だ》された縞模様《しまもよう》の理由《りゆう》は大《おお》きくわけると5つある。

まずは、カモフラージュ説《せつ》。木《き》がいっぱい生《は》えているような場所《ばしょ》では、シマウマの縞模《しまも》様《よう》は溶《と》けこむので、捕食者《ほしょくしゃ》にみつかりにくくなるだろうというのがこの説《せつ》だ。

2つ目《め》は、捕食者《ほしょくしゃ》の混乱《こんらん》を誘《さそ》う説《せつ》。あの縞模様《しまもよう》があると、シマウマがどこに何頭《なんとう》いるのか、体《からだ》の大《おお》きさはどのくらいかなど、わかりにくくなるという。

3つ目《め》は、縞模様《しまもよう》があると体《からだ》がよく冷《ひ》えるのではないか、という説《せつ》。暑《あつ》いところで暮《く》らしているシマウマにはありがたい話《はなし》だね。

4つ目《め》は、シマウマ同士《どうし》が仲間《なかま》をみつけやすくなったり、誰《だれ》であるかを特定《とくてい》しやすくなったりするのではないか、という説《せつ》。

そして最後《さいご》は、虫《むし》に刺《さ》されるのを防《ふせ》ぐためではないか、という説《せつ》。

キミはどれが当《あ》たっていると思《おも》う?

●シマウマとの関係《かんけい》を調《しら》べたら、ひとつだけ理由《りゆう》がみつかった

縞模様《しまもよう》の謎《なぞ》の糸口《いとぐち》がつかめたのは、2014年《ねん》のこと。

5つの説《せつ》とシマウマの縞《しま》との関連《かんれん》が調《しら》べられた。調査対象《ちょうさたいしょう》はシマウマとその仲間《なかま》たち。全身《ぜんしん》に縞模様《しまもよう》があるものもいれば、脚《あし》や首《くび》など一部分《いちぶぶん》に縞模様《しまもよう》があるものもいる。

たとえば、林《はやし》のない場所《ばしょ》で暮《く》らすシマウマがいたら、「林《はやし》でカモフラージュ説《せつ》」は間《ま》違《ちが》っているかもしれない、ということになる。

このように調《しら》べていくと、ひとつだけ縞模様《しまもよう》ととても関連《かんれん》のあるものがみつかった。

それはなんと、**虫《むし》さされ予防説《よぼうせつ》！**

シマウマの縞模様《しまもよう》は、**虫《むし》よけのために進化《しんか》した**かもしれないんだって！

虫《むし》よけごときで大《おお》げさな、と思《おも》うかもしれないけど、シマウマを襲《おそ》う虫《むし》がいるんだ。それは「ツエツエバエ」という吸血《きゅうけつ》バエと、同《おな》じく血《ち》を吸《す》うアブの仲間《なかま》。

アブの仲間《なかま》はそれはもう多《おお》くの血《ち》を吸《す》う。アメリカのウシだと、**1日《にち》にコップ1～2杯《はい》分《ぶん》くらいの血《ち》を吸《す》われている**というデータがあるんだ。

さらに、これらの虫《むし》は命《いのち》をおびやかす病気《びょうき》を運《はこ》んでくることもある。つまり、できれば

刺《さ》されたくないというわけ。

実験《じっけん》によって、シマウマの縞《しま》はこういった虫《むし》を寄《よ》せつけないことがあきらかになった。ツェツェバエもアブも、白黒《しろくろ》の縞模様《しまもよう》より、模様《もよう》のない暗《くら》い色《いろ》を好《この》むんだ。縞《しま》の数《かず》が多《おお》くて細《ほそ》いほど、虫《むし》を寄《よ》せつけないこともわかっている。

虫《むし》に刺《さ》されないことで生《い》き残《のこ》る作戦《さくせん》をとったかもしれないシマウマ。

今度《こんど》動物園《どうぶつえん》で虫《むし》が止《と》まっていないかを観察《かんさつ》してはどうかな？

右《みぎ》270度《ど》、
左《ひだり》270度《ど》をみわたす！
ヤバい首《くび》の持《も》ち主《ぬし》

体《からだ》のつくりがヤバい

フクロウ

★特徴《とくちょう》など……大《おお》きな丸《まる》い顔《かお》と短《みじか》い尾《お》を持《も》つ
★生息地《せいそくち》……ほぼ世界中《せかいじゅう》
★分類《ぶんるい》……フクロウ目《もく》フクロウ科《か》、フクロウ目《もく》メンフクロウ科《か》

●首《くび》がぐる――っとほぼ一回転《いっかいてん》！

こっちを向《む》いている人《ひと》がいるなと思《おも》ってよく見《み》たら、背中《せなか》だった！　なんてことがあったら、キミが見《み》たのはまちがいなく妖怪《ようかい》かなにかだ。

僕《ぼく》たち人間《にんげん》はどうがんばってもそんなに首《くび》をねじることはできないからね。

ところが世《よ》の中《なか》には、それができちゃう生《い》きものがいる。それは、フクロウ。

フクロウは、完全《かんぜん》に真後《まうし》ろに顔《かお》が向《む》くまで首《くび》をねじった上《うえ》に、そこからさらに90度《ど》ねじることができるんだ！　**右《みぎ》に270度《ど》、左《ひだり》にも270度《ど》。合《あ》わせて540度《ど》だ‼**

およそ6万《まん》2000種類《しゅるい》いる脊椎動物《せきついどうぶつ》の中《なか》で、フクロウは、**首《くび》をもっとも大《おお》きくねじることができる動物《どうぶつ》**といわれている。

大《おお》きく首《くび》をねじると、首《くび》にある血管《けっかん》がふさがれてしまうので、脳《のう》に血液《けつえき》が送《おく》れなくなる。脳《のう》に血液《けつえき》が行《い》かないと命《いのち》があぶない。では、なぜフクロウは生《い》きていられるんだろう？

じつは、フクロウのあごの下《した》にある血管《けっかん》は、風船《ふうせん》のように膨《ふく》らむしくみになっているんだって。僕《ぼく》たち人間《にんげん》にはそんな血管《けっかん》はない。

フクロウは大《おお》きく首《くび》をねじっている間《あいだ》もその風船《ふうせん》のような血管《けっかん》にためておいた大量《たいりょう》の血《けつ》

液《えき》を頭《あたま》へ送《おく》っているらしい。そうして脳《のう》や目《め》で血液不足《けつえきぶそく》がおきないようにしているんだ。

●まわりからの音《おと》を確実《かくじつ》にキャッチする、特殊《とくしゅ》な耳《みみ》

フクロウは、鳥《とり》の中《なか》ではめずらしく、夜《よる》に活動《かつどう》する。

真《ま》っ暗《くら》な中《なか》で、ネズミなどの小動物《しょうどうぶつ》をつかまえて食《た》べるんだ。

彼《かれ》らは夜《よる》でも見《み》える目《め》を持《も》ってはいるけど、狩《か》りに使《つか》うのは主《おも》に「耳《みみ》」だ。とくに、「どこから音《おと》がしているのか」を感《かん》じる能力《のうりょく》がすぐれている。

僕《ぼく》らが音《おと》のする方向《ほうこう》がわかるのは、耳《みみ》が左右《さゆう》にひとつずつついているからだ。

右《みぎ》の耳《みみ》と左《ひだり》の耳《みみ》では、音《おと》の届《とど》く時間《じかん》がわずかにちがっている。そのわずかなちがいを僕《ぼく》たちの脳《のう》は瞬時《しゅんじ》に計算《けいさん》して、どの方向《ほうこう》から音《おと》がやってきたかを判断《はんだん》するんだ。ちがいがない場合《ばあい》は、真正面《ましょうめん》から音《おと》がしているってことだ。

フクロウも、右《みぎ》と左《ひだり》にひとつずつ耳《みみ》がある。

ただし、右《みぎ》の耳《みみ》は頭《あたま》の上《うえ》の方《ほう》に、左《ひだり》の耳《みみ》は頭《あたま》の下《した》の方《ほう》についているんだ！

このずれがあることで、フクロウはさらに敏感《びんかん》に音《おと》のする場所《ばしょ》を感《かん》じることができる。

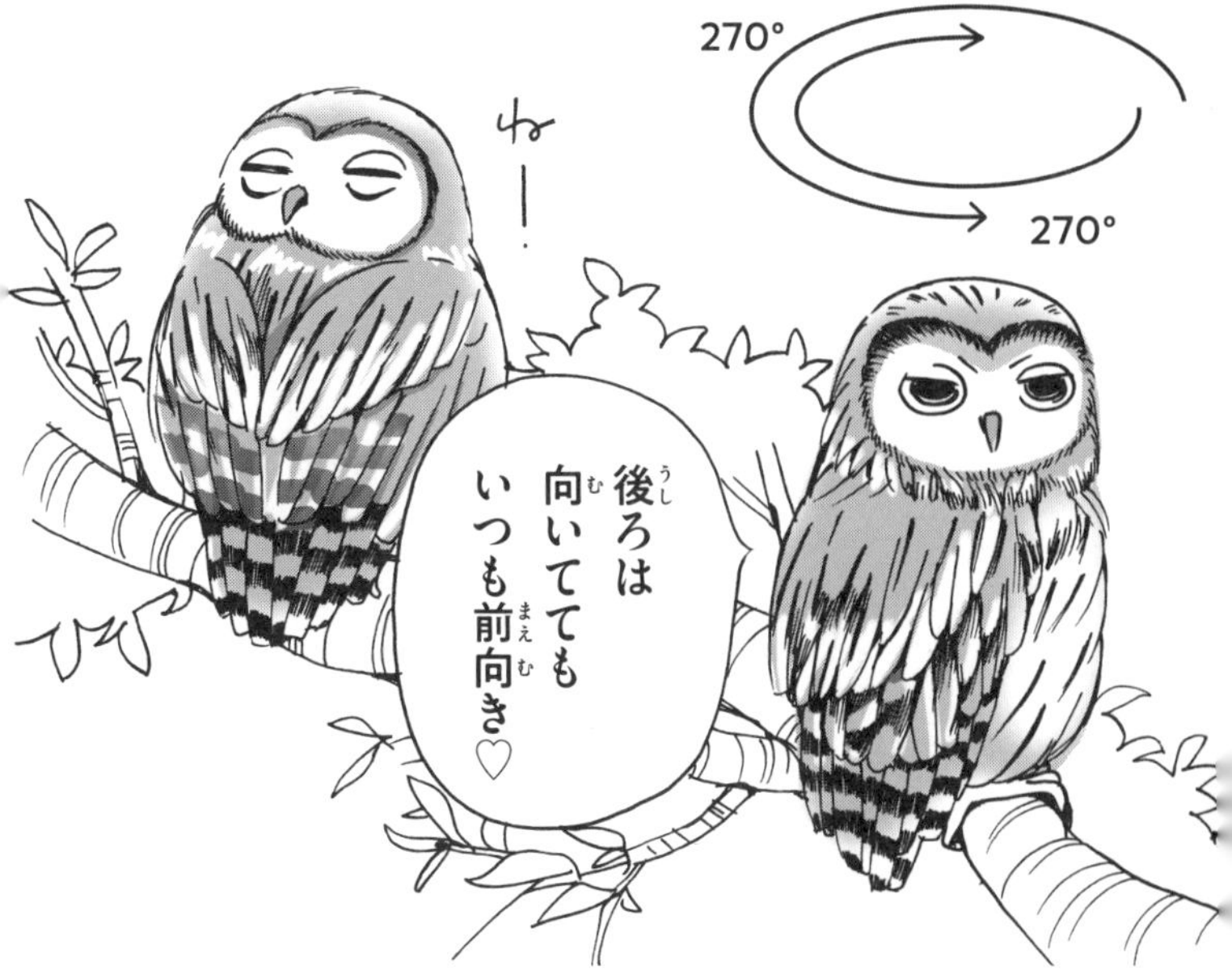

人間《にんげん》は、上下方向《じょうげほうこう》のどこから音《おと》がくるのかを感《かん》じるのは苦手《にがて》だけど、フクロウはこの耳《みみ》のおかげで、**あらゆるところからの音《おと》の出所《でどころ》を確実《かくじつ》にキャッチ**することができるんだ。キャッチしたら、首《くび》をぐるりとねじって真正面《ましょうめん》から音《おと》をとらえ、獲物《えもの》にねらいを定《さだ》める。

さらに、フクロウの風切《かざき》り羽《ばね》の縁《ふち》は、ノコギリのように細《こま》かいギザギザになっている。このおかげで羽《は》ばたいても音《おと》がしないので、無音《むおん》で獲物《えもの》に近《ちか》づけるんだ。狩《か》りのために特殊化《とくしゅか》した体《からだ》を持《も》つフクロウ。今夜《こんや》もどこかで耳《みみ》をすましているんだろうね。

考《かんが》えられないところから
赤《あか》ちゃんを産《う》む
とんでもない動物《どうぶつ》！

体《からだ》のつくりがヤバい

ブチハイエナ

★特徴《とくちょう》など…死肉《しにく》あさりで有名《ゆうめい》だけど、じつは狩《か》りもうまい
★生息地《せいそくち》……サハラ砂漠《さばく》より南《みなみ》のアフリカ
★分類《ぶんるい》………ネコ目《もく》ハイエナ科《か》

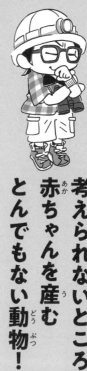

●おちんちんから赤《あか》ちゃんが生《う》まれる！

サバンナで死肉《しにく》をあさる動物《どうぶつ》といえば？　そう、ハイエナ。ハイエナの仲間《なかま》は4種類《しゅるい》いて、そのうちもっとも体《からだ》が大《おお》きいのが「ブチハイエナ」だ。大型《おおがた》のイヌくらいの大《おお》きさで、後《うし》ろ足《あし》より前足《まえあし》が長《なが》いので、おしりの位置《いち》が下《さ》がり気味《ぎみ》という特徴《とくちょう》がある。

このブチハイエナの体《からだ》には、秘密《ひみつ》がある。

なんとメスにも、おちんちんがあるんだ！

だからパッと見《み》ではオスとメスの区別《くべつ》がつかない。こんな哺乳類《ほにゅうるい》はほかにはいない。

ブチハイエナのメスのおちんちんは「偽陰茎《ぎいんけい》」と呼《よ》ばれている。つまり、にせもののおちんちん。姿形《すがたかたち》はそっくりだけど、オスのものとは役割《やくわり》がちがう。

にせもののおちんちんからオスのようにおしっこをするのは同《おな》じなんだけど、なんと、おちんちんから**赤《あか》ちゃんも産《う》む**んだ！

ただし、赤《あか》ちゃんは窮屈《きゅうくつ》なところに長《なが》く閉《と》じこめられるので、生《う》まれてくるときに亡《な》くなってしまうことが多《おお》いんだって。

初《はじ》めて赤《あか》ちゃんを産《う》むブチハイエナの場合《ばあい》、60パーセントくらいの確率《かくりつ》で死産《しざん》になってしまうといわれている。とても過酷《かこく》な出産《しゅっさん》なんだ。

●サバンナで生《い》きるために必要《ひつよう》なもの、それは強《つよ》さ

どうしてブチハイエナのメスはにせもののおちんちんを持《も》つようになったと思《おも》う？

それは、オスのように強《つよ》くたくましく生《い》きるためだという説《せつ》がある。

メスのブチハイエナは、ほかのメスとその子《こ》どもたちと群《む》れをつくって生《い》きている。敵《てき》から子《こ》どもを守《まも》るのも、エサを探《さが》すのも、オスには頼《たよ》らず自分《じぶん》たちだけでやってのける。実際《じっさい》にサバンナでは、メスのブチハイエナはオスと同《おな》じくらいかそれよりも活発《かっぱつ》で、強《つよ》い。エサのとり合《あ》いでも負《ま》けないんだ。

オスのようになるために、ブチハイエナのメスはお母《かあ》さんのおなかの中《なか》にいるときに「雄性《ゆうせい》ホルモン」をたくさん浴《あ》びる。このホルモンをたくさん浴《あ》びることで、メスなんだけど「オス化《か》」して、活発《かっぱつ》で強《つよ》いハイエナになる。

そのかわり、体《からだ》もオスみたいになってしまう。そのため、出産《しゅっさん》には不便《ふべん》なにせもののお

ちんちんもついてくるというわけなんだ。

ある研究者《けんきゅうしゃ》は、おなかの中《なか》の赤《あか》ちゃんが浴《あ》びる雄性《ゆうせい》ホルモンの量《りょう》を少《すく》なくしたらどうなるかを実験《じっけん》した。その結果《けっか》、生《う》まれてきたメスのブチハイエナはそれほどオス化《か》していなかったので、楽《らく》に子《こ》どもを産《う》めるようになった。5頭《とう》のブチハイエナが出産《しゅっさん》したところ、赤《あか》ちゃんはみんな生《い》き残《のこ》ることができたんだ。

しかし、サバンナでは、活発《かっぱつ》さや強《つよ》さがないと、生《い》きられない。

野生《やせい》のブチハイエナは、つらい出産《しゅっさん》をともなうとしても、たくましく生《い》きるように進化《しんか》したということなんだ。

へんな名前《なまえ》の生《い》きもの、紹介《しょうかい》します！〈その1〉

●幼《おさな》いうちはいいんだけれど

成長《せいちょう》してもこの名前《なまえ》!?　その名《な》は「ヨダレカケ」。口《くち》の形《かたち》が赤《あか》ちゃんのよだれかけみたいだから この名前《なまえ》なんだ。水中《すいちゅう》よりも陸地《りくち》を好《この》む、ちょっと変《か》わった魚《さかな》なんだって。

●同《おな》じ名前《なまえ》で紛《まぎ》らわしいなぁ

クロサギ、ヤマドリ、シジュウカラ。これってなんの名前《なまえ》だと思《おも》う？　鳥《とり》だと思《おも》ったキミ、いい勘《かん》してる！　でもね、じつは魚《さかな》の名前《なまえ》でもあるんだ！　鳥《とり》と魚《さかな》で、同《おな》じ名前《なまえ》（和名《わめい》）を使《つか》っているんだよ。

●どんなに裸《はだか》が好《す》きなんだ!?

チギレハダカ、トックリハダカ、トンガリハダカ……。どんな裸《はだか》やねん！　と突《つ》っこみたくなるこれらの名前《なまえ》は、ハダカイワシという魚《さかな》の仲間《なかま》の名前《なまえ》なんだ。ハダカイワシは深海魚《しんかいぎょ》で、ウロコが簡単《かんたん》にはがれて裸《はだか》みたいになってしまうから、こんな名《な》で呼《よ》ばれている。このほかに、ドングリハダカやブタハダカなど、日本《にほん》の近海《きんかい》には80をこえるハダカイワシの仲間《なかま》がいるんだ。

2章《しょう》

マヌケっぷりがヤバい

マヌケっぷりがヤバい

ウシグソヒトヨタケ

★特徴《とくちょう》など…うんちとともに生《い》きる菌《きん》
★生息地《せいそくち》……草食動物《そうしょくどうぶつ》のいるところ
★分類《ぶんるい》………ハラタケ目《もく》ナヨタケ科《か》

究極《きゅうきょく》のすみか!?
うんちから
ニョキッと生《は》えるきのこ！

●植物《しょくぶつ》でも動物《どうぶつ》でもないきのこって何者《なにもの》??

きのこって、植物《しょくぶつ》でしょ？　と思《おも》っている人《ひと》はいないかな。

きのこは菌類《きんるい》という生《い》きもので、じつは植物《しょくぶつ》でも動物《どうぶつ》でもない。

さらにきのこは、菌類《きんるい》がその生涯《しょうがい》で一時《いっとき》だけ見《み》せる姿《すがた》でしかない。

ふだん菌類《きんるい》は「菌糸《きんし》」という糸《いと》のような姿《すがた》をして、落《お》ち葉《ば》の上《うえ》や土《つち》の中《なか》などで暮《く》らしている。そして、**「胞子《ほうし》」をつくるときだけきのこの形《かたち》になる**んだ。

胞子《ほうし》はきのこから離《はな》れて飛《と》びちり、次《つぎ》の世代《せだい》の菌類《きんるい》となる。菌類《きんるい》の繁殖《はんしょく》のためには、胞《ほう》子《し》をつくるきのこがとっても大切《たいせつ》なんだ。

さて、そんなきのこは、生《は》える場所《ばしょ》によって大《おお》きく3つにわけられる。

枯《か》れた木《き》や死《し》んだ動物《どうぶつ》から生《は》える「腐生菌《ふせいきん》」と、生《い》きた木《き》と共生《きょうせい》している「菌根菌《きんこんきん》」、そしてほかの生《い》きものの体《からだ》にとりつく「寄生菌《きせいきん》」だ。寄生菌《きせいきん》の中《なか》には、ほかのきのこに寄《き》生《せい》するきのこもいるんだって！　おもしろいよね。

いろいろなところに生《は》えるきのこだけれど、僕《ぼく》たち人《ひと》からすると**「なんでまたそんなマヌケなところから?」**と思《おも》ってしまうものも中《なか》にはいる。

それは、うんち。**うんちから生《は》えるきのこ**がいるんだよ……。

これらは「**糞生菌**《ふんせいきん》」と呼《よ》ばれ、腐生菌《ふせいきん》の仲間《なかま》だ。

●糞生菌《ふんせいきん》は、草食動物《そうしょくどうぶつ》のうんちとともに生《い》きる

糞生菌《ふんせいきん》が生《は》えるのは、おもに草食動物《そうしょくどうぶつ》のうんち。

彼《かれ》らのうんちには、有機物《ゆうきぶつ》や窒素《ちっそ》、ミネラルなどまだまだ使《つか》える養分《ようぶん》が含《ふく》まれている。

たとえば、「**ウシグソヒトヨタケ**」というわかりやすい名前《なまえ》のきのこがいる。これは、ウシやウマの糞《ふん》から生《は》えるんだ。「**トフンタケ**」というのもいる。トフン（兎糞《とふん》）、つまりウサギの糞《ふん》から生《は》えるきのこだ。こいつはウマの糞《ふん》からも生《は》えるらしいけどね。

そんな糞生菌《ふんせいきん》の一生《いっしょう》は、うんちから始《はじ》まり、うんちで終《お》わる。

まず、うんちから生《は》えたきのこは、その状態《じょうたい》で胞子《ほうし》をつくる。

胞子《ほうし》は、きのこから飛《と》び跳《は》ねたり、空気《くうき》に乗《の》って広《ひろ》がったりして、草《くさ》にくっつく。

するとこの草《くさ》を草食動物《そうしょくどうぶつ》が食《た》べる。

胞子《ほうし》は、草《くさ》といっしょに草食動物《そうしょくどうぶつ》のおなかの中《なか》に入《はい》る。胃《い》や腸《ちょう》を通《とお》ることで刺激《しげき》されて

芽《め》が出《で》やすくなるといわれているんだ。

胞子《ほうし》はうんちとともに外界《がいかい》へ出《で》ると、芽《め》を出《だ》し、うんちに含《ふく》まれる養分《ようぶん》を使《つか》って菌糸《きんし》を広《ひろ》げ、きのこをつくり出《だ》す。そしてまた再《ふたた》び胞子《ほうし》をつくるんだ。

時《とき》には、ひとつの糞《ふん》から、何種類《なんしゅるい》ものきのこが次々《つぎつぎ》に生《は》えてくることもあるらしい。

菌類《きんるい》がいなければ、多《おお》くのうんちはうんちのまま、森《もり》の朽《く》ち木《き》や落《お》ち葉《ば》もそのままになってたまる一方《いっぽう》だ。これらが分《ぶん》解《かい》されて、豊《ゆた》かな土《つち》になっているのは、きのこたち、菌類《きんるい》たちのおかげなんだ。

マヌケっぷりがヤバい

★特徴《とくちょう》など…子《こ》ザルの顔《かお》は青色《あおいろ》で、毛《け》は黒《くろ》い
★生息地《せいそくち》……カリマンタン島《とう》（ボルネオ島《とう》）
★分類《ぶんるい》……サル目《もく》オナガザル科《か》

テングザル

昼間《ひるま》は休《やす》んでばかり おじさんのような姿《すがた》で生《い》きる 変《か》わり者《もの》

●水辺《みずべ》で暮《く》らす、鼻《はな》の長《なが》――いサル

テングザルは、サルの仲間《なかま》の中《なか》でも異彩《いさい》を放《はな》っている、というかなんだかマヌケだ。

まずはその見《み》た目《め》。名前《なまえ》のとおり、**天狗《てんぐ》のような長《なが》い鼻《はな》**をしている。

オスの鼻《はな》は、10センチメートルをこえるほど長《なが》いこともあり、顔《かお》からだらんと下《さ》がっているので、正面《しょうめん》から見《み》ると口《くち》が見《み》えない！

こんなサルはほかにいない。

オスにくらべればかわいいものだけど、メスの鼻《はな》も長《なが》くて、つんと立《た》っている。

なんでオスはこんなに長《なが》い鼻《はな》をしているんだろうか？

それは、メスを魅了《みりょう》するためとか、独特《どくとく》の声《こえ》を出《だ》すためと考《かんが》えられているんだ。

そんなテングザル、じつはサルの仲間《なかま》の中《なか》でも**とくに泳《およ》ぎがうまい**らしい。

彼《かれ》らは、海《うみ》や川《かわ》の近《ちか》くの木《き》の上《うえ》で暮《く》らしていて、その木《き》の上《うえ》から水《みず》の中《なか》へ飛《と》びこむ。足《あし》の指《ゆび》の間《あいだ》には水《みず》かきが発達《はったつ》しているので、速《はや》く泳《およ》ぐことができる。

また、20メートルくらいは息《いき》つぎせずに水中《すいちゅう》にもぐったまま泳《およ》ぐことができるんだって！

●休《やす》んでばかりのテングザル。それには理由《りゆう》がある

テングザルの見《み》た目《め》にあるもうひとつの特徴《とくちょう》は、でっぷりと出《で》たおなか。中年太《ちゅうねんぶと》りのおっさんという感《かん》じでやっぱりマヌケなんだけど、これには理由《りゆう》がある。

テングザルの主食《しゅしょく》は、若《わか》い葉《は》っぱだ。果物《くだもの》も食《た》べるけど、食《た》べたもののうち65パーセントくらいは葉《は》っぱだった、という調査結果《ちょうさけっか》がある。葉《は》っぱは、果物《くだもの》や肉《にく》にくらべてあまり栄養《えいよう》がない。だから彼《かれ》らはたくさん葉《は》っぱを食《た》べないと生《い》きていけないんだ。

さらに、葉《は》っぱの消化《しょうか》には時間《じかん》がかかる。というのも、そもそも動物《どうぶつ》の体《からだ》は、植物《しょくぶつ》をうまく消化《しょうか》できない。そのため、植物《しょくぶつ》を主食《しゅしょく》にしている動物《どうぶつ》は、胃《い》や腸《ちょう》の中《なか》に細菌《さいきん》などをすまわせて、植物《しょくぶつ》を消化《しょうか》してもらっているんだ。

細菌《さいきん》たちがすむ場所《ばしょ》は動物《どうぶつ》によってちがうんだけど、ウシやシカ、そしてテングザルの仲間《なかま》は、胃《い》にすまわせている。テングザルの胃《い》は4つの部屋《へや》にわかれていて、そのうち食《た》べものが最初《さいしょ》に入《はい》るひとつ目《め》の部屋《へや》に細菌《さいきん》がいるんだ。

テングザルはその大《おお》きなおなかの中《なか》で、たくさんの葉《は》っぱをゆっくりと消化《しょうか》する。消化《しょうか》しているときはなにもせず、木《き》の上《うえ》でのんびり休憩《きゅうけい》している。なんと、**昼間《ひるま》のうち**

70パーセント以上《いじょう》はそうして休憩《きゅうけい》しているんだって！

２０１１年《ねん》には、テングザルはウシと同《おな》じように「反芻《はんすう》」していることが発見《はっけん》された。反芻《はんすう》というのは、ひとつ目《め》の胃《い》に入《はい》って細菌《さいきん》とまざった葉《は》っぱをもう一《いち》度《ど》口《くち》に戻《もど》してかみ直《なお》し、再《ふたた》び胃《い》へ送《おく》ることをいうんだ。こうすることで、葉《は》っぱがさらに細《こま》かくなって、細菌《さいきん》に消化《しょうか》してもらいやすくなる。

植物《しょくぶつ》を主食《しゅしょく》にしているサルの仲間《なかま》はいくつもいるけど、反芻《はんすう》することがわかったのは今《いま》のところテングザルだけなんだ。

やっぱり変《か》わったサルなんだね。

マヌケっぷりがヤバい

トカゲ

寒《さむ》い日《ひ》にはひなたぼっこをしないと動《うご》けない

★特徴《とくちょう》など…爬虫類《はちゅうるい》の中《なか》でもっとも多様《たよう》な種類《しゅるい》がいる
★生息地《せいそくち》……ほぼ世界中《せかいじゅう》
★分類《ぶんるい》………有鱗目《ゆうりんもく》

●トカゲの体温《たいおん》は、まわりの気温《きおん》で変《か》わる

飼《か》っていたトカゲが逃《に》げ出《だ》したとしても、寒《さむ》い季節《きせつ》ならみつけやすいかもしれない。

なぜなら、トカゲは、寒《さむ》いと**絶対《ぜったい》ひなたぼっこをして体《からだ》を温《あたた》める**から。

いいかえれば、寒《さむ》いときはひなたぼっこをしないとトカゲは動《うご》けない……。そんなことあるの？　と思《おも》うよね。ひなたでじっとしていたらつかまえられてしまうかもしれないのにね。

でもこれは本当《ほんとう》の話《はなし》。

だから、寒《さむ》い日《ひ》なら、日当《ひあ》たりのいいところを探《さが》そう。トカゲは、おなかも温《あたた》めたいから、太陽《たいよう》で温《あたた》まった岩場《いわば》やコンクリートの上《うえ》なんかを好《この》む。そういうところは要《よう》チェックの場所《ばしょ》になるね！　まあ、まずは逃《に》がさないことが重要《じゅうよう》だけど……。

トカゲの体《からだ》には、熱《ねつ》を発生《はっせい》させたり、熱《ねつ》を逃《に》がしたりするしくみがない。だから体温《たいおん》は、まわりの気温《きおん》とほぼ同《おな》じになる。寒《さむ》い日《ひ》は体温《たいおん》が低《ひく》く、暖《あたた》かい日《ひ》は体温《たいおん》が高《たか》い。かなり寒《さむ》い日《ひ》なんかは体温《たいおん》がとても低《ひく》いので、トカゲは動《うご》けなくなってしまうんだ。

こういう生《い》きもののことを「外温生物《がいおんせいぶつ》」という。

僕《ぼく》たち哺乳類《ほにゅうるい》や、鳥類《ちょうるい》は、体内《たいない》で熱《ねつ》を発生《はっせい》させることができる。だから0℃以下《どいか》になる

ようなすごく寒《さむ》い地域《ちいき》や、氷《こおり》が浮《う》かぶ海《うみ》の中《なか》でも生《い》きることができる。こういう生物《せいぶつ》のことを「内温動物《ないおんどうぶつ》」という。

●まさか！ 一日中日陰《いちにちじゅうひかげ》で暮《く》らさなければいけない？

内温動物《ないおんどうぶつ》は、体内《たいない》で熱《ねつ》を発生《はっせい》させるために、ごはんを多《おお》く食《た》べないといけない。

とくに寒《さむ》い場所《ばしょ》で暮《く》らす動物《どうぶつ》は、十分《じゅうぶん》な食《た》べものが必要《ひつよう》だ。冬《ふゆ》には食《た》べものが少《すく》なくなることが多《おお》いから、冬眠《とうみん》をして、体温《たいおん》をはじめすべての活動《かつどう》を低下《ていか》させる生《い》きものもいる。

一方《いっぽう》、外温動物《がいおんどうぶつ》は、寒《さむ》ければひなたぼっこをして温《あたた》まればいいし、暑《あつ》ければ日陰《ひかげ》で涼《すず》めばいいから、体温《たいおん》を維持《いじ》するためにごはんを食《た》べる必要《ひつよう》はない。

内温動物《ないおんどうぶつ》にくらべると、少《すく》ないごはんで生《い》きていけるんだ。

ただし、これが裏目《うらめ》に出《で》ることもある。

体温《たいおん》が上《あ》がりすぎるとトカゲは日陰《ひかげ》で休《やす》む。でも、気温《きおん》がずっと高《たか》くて、体温《たいおん》もずっと上《あ》がりっぱなしになってしまったら、いったいどうなるだろう？

そのときは、**一日中日陰《いちにちじゅうひかげ》にいるしかない**。食《た》べものを探《さが》しに出《で》かけることもできない。

1日《にち》くらいならなんとかなるだろうけど、1週間《しゅうかん》、1か月《げつ》とつづいたら……?

そんな話《はなし》あるわけないって思《おも》ってる? ところがこれはもう実際《じっさい》におきていることなんだ。

昔《むかし》より気温《きおん》が上《あ》がっている地域《ちいき》の中《なか》には、何種類《なんしゅるい》かのトカゲが絶滅《ぜつめつ》してしまったところがあるらしい。トカゲは日陰《ひかげ》でじっとしているしかなくて、食《た》べものを探《さが》したり、子《こ》どもをつくったりできなくなってしまったんだ。

このままだとたくさんのトカゲが絶滅《ぜつめつ》してしまうかも、といっている研究者《けんきゅうしゃ》もいるんだ。

マヌケっぷりがヤバい

トウンガラガエル

★特徴《とくちょう》など…変《か》わった鳴《な》き声《ごえ》は、研究者《けんきゅうしゃ》も引《ひ》き寄《よ》せる！
★生息地《せいそくち》……中南米《ちゅうなんべい》
★分類《ぶんるい》………カエル目《もく》ユビナガガエル科《か》

メスだけ求《もと》む！
カやコウモリも引《ひ》き寄《よ》せてしまう
いい声《こえ》の持《も》ち主《ぬし》

●メスを呼《よ》ぶための大《おお》きな声《こえ》なのに

命《いのち》をかけて、夜《よ》ごとメスにラブコールを送《おく》るカエルがいる。

その名《な》は、トゥンガラガエル。

中南米《ちゅうなんべい》で暮《く》らしていて、体長《たいちょう》は3センチメートルほど。土《つち》や落《お》ち葉《ば》のような色《いろ》をしている。

そもそも、多《おお》くのカエルのオスは、鳴《な》いてメスを呼《よ》び寄《よ》せる。鳴《な》き方《かた》や声《こえ》が魅力的《みりょくてき》だと認《みと》められれば、めでたくメスと産卵《さんらん》することができる。

トゥンガラガエルのオスは、浅《あさ》い水《みず》たまりをみつけてそこに陣《じん》どり、口《くち》の下《した》にある袋《ふくろ》を大《おお》きく膨《ふく》らませて、体《からだ》に似合《にあ》わずとても大《おお》きな声《こえ》で鳴《な》く。「トゥーーーン」とも「ピュイーーーン」とも聞《き》こえる高《たか》い音《おと》だ。そして合間《あいま》に、「ガッ」という音《おと》も出《だ》す。

ある研究《けんきゅう》によれば、トゥンガラガエルのメスは、速《はや》く鳴《な》くオスを好《この》むらしい。それが低《ひく》めの声《こえ》だとなおいいんだって。これがモテる条件《じょうけん》ってことだ。

しかし、鳴《な》き声《ごえ》で寄《よ》ってくるのがメスだけだといいんだけど、不幸《ふこう》なことに、トゥンガラガエルの鳴《な》き声《ごえ》には、**ヘビやコウモリ、カなども引《ひ》き寄《よ》せられる**♡

命《いのち》を危険《きけん》にさらし、カに刺《さ》されながら、それでもトゥンガラガエルは鳴《な》きつづけるんだ。健気《けなげ》というか、マヌケというか、男《おとこ》の意地《いじ》というか……。

●カたちは、どんなカエルが好《す》きか？

そんなトゥンガラガエルも鳴《な》くのをやめるときがある。それはコウモリがあらわれたときだ。そうやすやすと居場所《いばしょ》を知《し》らせて食《た》べられるわけではないんだ。

でも、鳴《な》くのをやめたにもかかわらず、コウモリに食《た》べられてしまうことがある。

いったいなぜなのか？　これには、トゥンガラガエルのオスの居場所《いばしょ》が関係《かんけい》している。オスは、浅《あさ》い水《みず》たまりにいることが多《おお》い。そんな場所《ばしょ》で、口《くち》の下《した》の袋《ふくろ》を大《おお》きく膨《ふく》らませると、**袋《ふくろ》が水《みず》に当《あ》たって、波紋《はもん》ができる**。

じつは、コウモリはこの波紋《はもん》を感《かん》じとって、カエルの居場所《いばしょ》を突《つ》きとめているんだ。コウモリが暗闇《くらやみ》でも波紋《はもん》を感《かん》じるのは、彼《かれ》らが「超音波《ちょうおんぱ》（人間《にんげん》の耳《みみ》には感《かん》じない高《たか》い周《しゅう》波数《はすう》を持《も》つ音波《おんぱ》）」を使《つか》えるからだ。放《はな》った超音波《ちょうおんぱ》は、ものに当《あ》たって跳《は》ね返《かえ》ってくる。それを受《う》けとることで、どこになにがあるかを知《し》ることができる。

トゥンガラガエルがとっさに鳴《な》くのをやめても、波紋《はもん》はすぐには消《き》えずに残《のこ》るため、コウモリはその波紋《はもん》を超音波《ちょうおんぱ》でとらえて、カエルを食《た》べちゃうんだ。

コウモリよりはましかもしれないけれど、カに刺《さ》されるのも迷惑《めいわく》なことにちがいない。

ある研究《けんきゅう》によれば、トゥンガラガエルのメスは、「ガッ」という鳴《な》き声《ごえ》をより頻繁《ひんぱん》に出《だ》すオスを好《この》むことがわかった。ところが、カもこういう鳴《な》き方《かた》のオスを好《この》むんだって！

もてるオスはカに刺《さ》されやすい……。人間《にんげん》に生《う》まれてよかったなぁ。

マヌケっぷりがヤバい

トビイカ

★特徴《とくちょう》など…飛《と》んだときに海鳥《うみどり》に食《た》べられる可能性《かのうせい》もあり
★生息地《せいそくち》……インド洋《よう》から太平洋《たいへいよう》
★分類《ぶんるい》……ツツイカ目《もく》アカイカ科《か》

イカは水《みず》を吹《ふ》き出《だ》した勢《いきお》いで〝がに股《また》〟になって空《そら》を飛《と》ぶ！

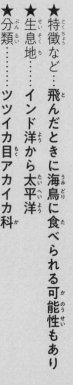

●海《うみ》における〝行《い》き止《ど》まり〟を乗《の》りこえる

イカも空《そら》を飛《と》ぶらしい……。最初《さいしょ》にこう聞《き》いたとき、冗談《じょうだん》かと思《おも》ったよ。

空《そら》を飛《と》ぶ海《うみ》の生《い》きものといえば「トビウオ」だけど、トビウオには翼《つばさ》のように広《ひろ》がる立派《りっぱ》なひれがある。

では、イカはどうやって飛《と》ぶのか？　そもそも、海《うみ》の中《なか》で暮《く》らす生《い》きものがなぜ空《そら》を飛《と》ばないといけないのか？　そのヒントは、ザトウクジラの漁《りょう》にあったんだ。

ザトウクジラは吐《は》き出《だ》した泡《あわ》を網《あみ》のように使《つか》って、魚《さかな》の群《む》れを囲《かこ》いこむ。そして徐々《じょじょ》に水面近《すいめんちか》くへ集《あつ》めておいて大《おお》きな口《くち》でざばーーーっと一気《いっき》に食《た》べてしまう。

この漁《りょう》のポイントは、**水面《すいめん》へ追《お》いこむ**という点《てん》だ。なんせ魚《さかな》たちは、水面《すいめん》からはどこへも逃《に》げようがない！　水面《すいめん》は海《うみ》の生《い》きものにとって、〝行《い》き止《ど》まり〟の場所《ばしょ》だ。

でも、中《なか》にはその行《い》き止《ど》まりを乗《の》りこえられる生《い》きものもいる。それがトビウオだ。

トビウオは、水面《すいめん》から飛《と》び出《だ》して、大《おお》きなひれを全開《ぜんかい》にし、400メートルも空中《くうちゅう》を飛《と》びつづける。それだけ飛《と》ぶのに30秒《びょう》くらいは空中《くうちゅう》にいるといわれている。

そんな**「空飛《そらと》ぶ海《うみ》の生《い》きもの」にイカも仲間入《なかまい》りしたんだ。**

それまではうわさ話《ばなし》くらいの情報《じょうほう》しかなかったんだけど、2011年《ねん》にイカの飛《と》ぶ姿《すがた》が撮影《さつえい》され、飛《と》び方《かた》が研究《けんきゅう》された。

イカたちは三角形《さんかくけい》のひれを広《ひろ》げ、10本《ぽん》の腕《うで》をがに股《また》のようにして見事《みごと》に飛《と》んでいたんだ！

●4段階《だんかい》のステップを踏《ふ》んで飛《と》んでいた

イカは、2種類《しゅるい》の泳《およ》ぎ方《かた》で泳《およ》いでいる。ひとつは、ひれを動《うご》かして泳《およ》ぐ方法《ほうほう》。もうひとつは、海水《かいすい》を体《からだ》にとりこんで、「漏斗《ろうと》」と呼《よ》ばれる部分《ぶぶん》から勢《いきお》いよく吹《ふ》き出《だ》し、この〝ジェット水流《すいりゅう》〟の勢《いきお》いでびゅんっとすばやく泳《およ》ぐ方法《ほうほう》だ。

イカが飛《と》ぶときには、このジェット水流《すいりゅう》を利用《りよう》するんだ。

飛《と》ぶイカの撮影《さつえい》に成功《せいこう》した研究者《けんきゅうしゃ》は、動画《どうが》をくわしく調《しら》べて、イカの飛《と》び方《かた》が4段階《だんかい》にわけられることを突《つ》きとめた。

まず、イカたちはジェット水流《すいりゅう》を利用《りよう》して、水面《すいめん》から飛《と》び出《で》てくる。このとき、ひれは胴体《どうたい》にまきつけられ、腕《うで》はまとめられている。

次《つぎ》に、ジェット水流《すいりゅう》を出《だ》しつづけながら、ひれを広《ひろ》げる。また、**腕《うで》も広《ひろ》げて〝がに股《また》〟**

状態《じょうたい》にする。腕《うで》と腕《うで》の間《あいだ》には、薄《うす》い膜《まく》があるので、がに股《また》になることで翼《つばさ》を広《ひろ》げたような格好《かっこう》になるんだ。見《み》た目《め》はマヌケだけどね……。

３段階目《だんかいめ》は、滑空《かっくう》だ。広《ひろ》げたひれと腕《うで》の翼《つばさ》で、空気《くうき》に乗《の》る。

そして最後《さいご》に、着水《ちゃくすい》する。このときにはひれも腕《うで》もたたんで、細長《ほそなが》いシルエットになる。こうすることで水《みず》に突《つ》っこむときの衝撃《しょうげき》を小《ちい》さくすることができる。

それまでは、「池《いけ》の魚《さかな》が跳《は》ねるように、水面《すいめん》に飛《と》び出《で》ただけなのでは？」という憶測《おくそく》もあったんだけど、イカたちはまちがいなく飛《と》んでいたんだ。

コラム

オーストラリアを糞《ふん》まみれから救《すく》った、昆虫《こんちゅう》の話《はなし》

オーストラリアへ行《い》くと、広大《こうだい》な牧場《ぼくじょう》でたくさんのウシが放《はな》し飼《が》いにされている。ただし、これらのウシはもともとオーストラリアにいたものではなくて、外国《がいこく》から連《つ》れてこられたものだ。そして、このことがある大問題《だいもんだい》をもたらした。

ウシは毎日《まいにち》、大量《たいりょう》のうんちをする。このうんちは、「糞虫《ふんちゅう》」と呼《よ》ばれる食糞性《しょくふんせい》のコガネムシの大好物《だいこうぶつ》だ。糞虫《ふんちゅう》はうんちを食《た》べるだけでなく、うんちで団子《だんご》をつくってその中《なか》に卵《たまご》を産《う》みつける。つまり、糞虫《ふんちゅう》がいれば、うんちはどんどん利用《りよう》されて、数日《すうじつ》もすればほとんどなくなってしまうはずなんだ。ところがじつはオーストラリアには、カンガルーやウォンバットのかたいうんちを食《た》べる糞虫《ふんちゅう》はいたけど、もともといなかった**ウシのやわらかいうんちを食《た》べる糞虫《ふんちゅう》が生息《せいそく》していなかった。**

その結果《けっか》、牧場《ぼくじょう》には何《なん》か月経《げった》っても大量《たいりょう》のうんちが残《のこ》ったまま！　牧草《ぼくそう》は呼吸困難《こきゅうこんなん》になるし、ハエが膨大《ぼうだい》に増《ふ》えてしまった。そこで解決《かいけつ》に使《つか》われたのが、アフリカやヨーロッパの糞虫《ふんちゅう》たちだった。はるばる連《つ》れてこられた虫《むし》たちは、ちゃんとうんちの除去《じょきょ》に役《やく》に立《た》ったんだ。

3章《しょう》

生《せい》態《たい》がヤバい

エゾマイマイ

“閉《と》じこもるだけ”は時《じ》代《だい》遅《おく》れ??
殻《から》で敵《てき》をなぐり倒《たお》しちゃう
攻撃《こうげき》的《てき》なカタツムリ

生態がヤバい

★特徴《とくちょう》など……殻《から》で敵《てき》をなぐり倒《たお》す
★生息地《せいそくち》……北海道《ほっかいどう》
★分類《ぶんるい》……有肺目《ゆうはいもく》オナジマイマイ科《か》

●敵《てき》に襲《おそ》われたら殻《から》に閉《と》じこもる……だけではない！

カタツムリが殻《から》を脱《ぬ》いだらナメクジになると思《おも》っている人《ひと》はいないよね？

ナメクジは、カタツムリから進化《しんか》したもので、殻《から》がなくなった別《べつ》の生《い》きものなんだ。カタツムリは、ヤドカリとちがって、殻《から》を脱《ぬ》いだり、とりかえたりすることはない。生《う》まれたときから小《ちい》さな殻《から》を背負《せお》っていて、その殻《から》とともに成長《せいちょう》していくんだ。

さて、そんなカタツムリは、粘液《ねんえき》を出《だ》しながら歩《ある》くので、垂直《すいちょく》な壁《かべ》でも天井《てんじょう》でも、どこでも落《お》ちることなく歩《ある》くことができる。

ただし、歩《ある》くのが遅《おそ》い。カタツムリを狙《ねら》う敵《てき》にとっては好都合《こうつごう》だけれどね。

では、狙《ねら》われたらどうするのか？　そう、殻《から》に閉《と》じこもるんだ。そのために殻《から》を背負《せお》っているといってもいいくらいだ。ほとんどのカタツムリは、この〝閉《と》じこもり作戦《さくせん》〟で敵《てき》をやりすごすんだけど、中《なか》にはそうではないカタツムリもいる。

たとえば沖縄県《おきなわけん》の石垣島《いしがきじま》と西表島《いりおもてじま》にいるイッシキマイマイというカタツムリは、ヘビに足《あし》をかまれたときに、自《みずか》らその足《あし》を切《き》り落《お》とす。これを自切《じせつ》というんだ。

そして、もうひとつ、別《べつ》のやり方《かた》で敵《てき》の攻撃《こうげき》から逃《のが》れるカタツムリがいる。

そのカタツムリは、**殻《から》で敵《てき》をなぐり倒《たお》す！**　殻《から》を武器《ぶき》に闘《たたか》うんだ。

●殻《から》を振《ふ》り回《まわ》すカタツムリは、筋《きん》肉《にく》むきむき

敵《てき》を殻《から》でなぐるカタツムリは、北海道《ほっかいどう》とロシアでみつかっている。オナジマイマイというグループのカタツムリで、北海道《ほっかいどう》にいるものは「エゾマイマイ」という。

エゾマイマイとロシアのカタツムリは、研究者《けんきゅうしゃ》がピンセットでつつくと、すばやく殻《から》を振《ふ》り回《まわ》す。殻《から》に閉《と》じこもろうとはしないんだ。

カタツムリの敵《てき》のひとつに、オサムシという甲虫《こうちゅう》がいる。中《なか》でもとくに「マイマイカブリ」というオサムシは、胸《むね》の部分《ぶぶん》が細《ほそ》くなっているために、カタツムリの殻《から》の中《なか》まで体《からだ》を突《つ》っこむことができる。そうしてカタツムリを食《た》べちゃうんだ。

このマイマイカブリにかかれば、閉《と》じこもり作戦《さくせん》でも防《ふせ》ぎきれない可能性《かのうせい》が高《たか》い。

そんなとき、エゾマイマイたちは殻《から》を振《ふ》り回《まわ》して攻撃《こうげき》する。そして、オサムシを追《お》い払《はら》うことができるんだ。

エゾマイマイと、同《おな》じ地域《ちいき》に暮《く》らす閉《と》じこもり型《がた》のカタツムリをくらべてみると、殻《から》の

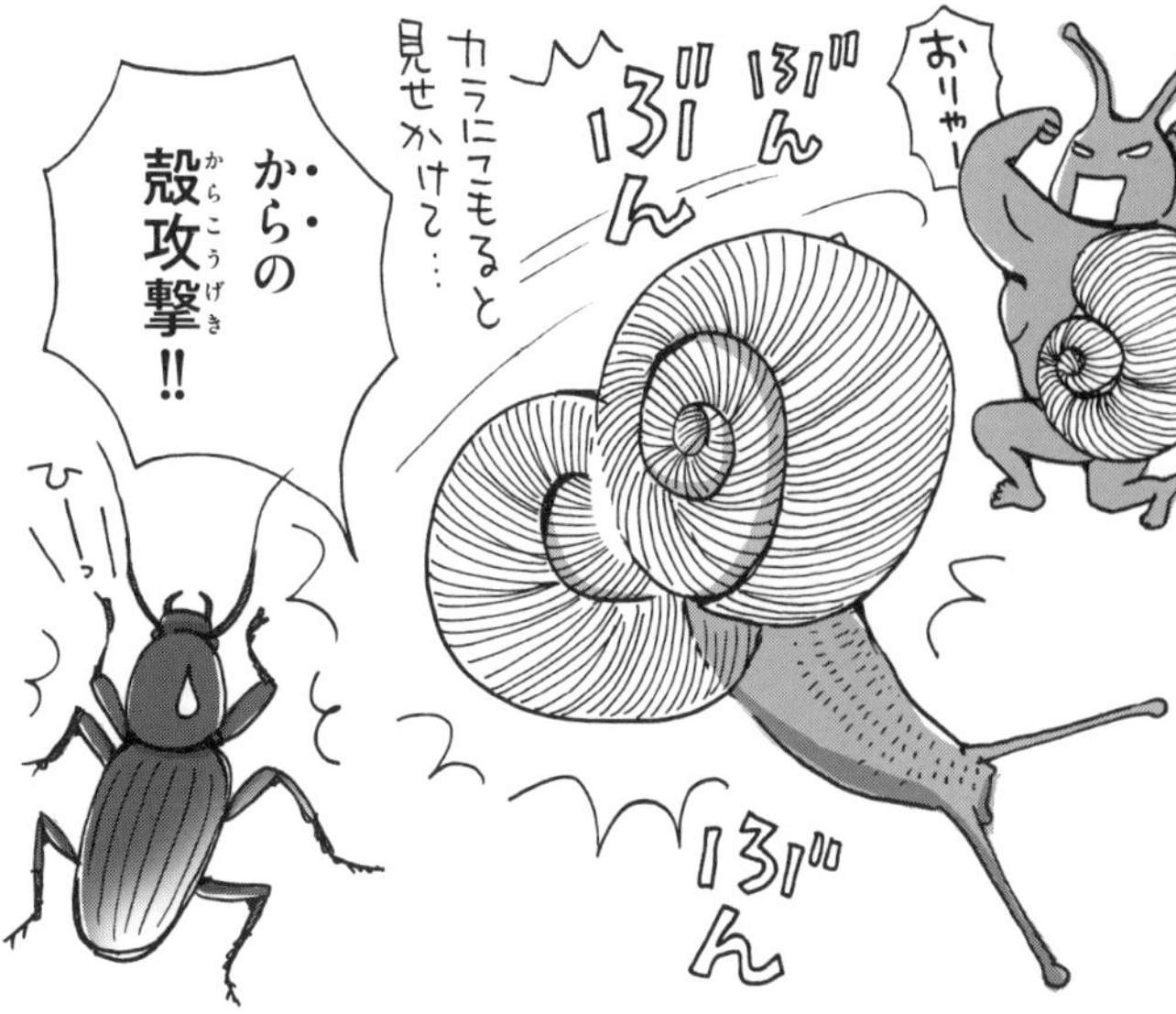

大《おお》きさがちがっているらしい。攻撃《こうげき》するカタツムリは、殻《から》がより大《おお》きいんだ。

これは、殻《から》を振《ふ》り回《まわ》すための筋肉《きんにく》があるぶん、体《からだ》が大《おお》きくなっているからだと考《かんが》えられている。つまり、**筋肉《きんにく》むきむきのカタツムリ**ってわけ。

一方《いっぽう》、閉《と》じこもり型《がた》のカタツムリたちの殻《から》は比較的《ひかくてき》小《ちい》さめだ。これにも意味《いみ》があって、おそらくマイマイカブリのような敵《てき》が殻《から》の中《なか》に入《はい》りこみにくくなっているのだろうといわれている。

閉《と》じこもるか、攻撃《こうげき》するか。なんだか人間《にんげん》でもそういうタイプにわかれそうだよね。キミはどっちかな。

アメリカイセエビ

いったいどこへ行《い》く!
カリブの海底《かいてい》を
一列《いちれつ》で行進《こうしん》

生態《せいたい》がヤバい

★特徴《とくちょう》など……エビの行進《こうしん》は「ロブスター・マーチ」と呼《よ》ばれている
★生息地《せいそくち》……大西洋西部《たいせいようせいぶ》
★分類《ぶんるい》……エビ目《もく》イセエビ科《か》

●列《れつ》からはずれないように、ご注意《ちゅうい》ください！

大西洋《たいせいよう》に面《めん》したカリブ海《かい》の海底《かいてい》では、秋《あき》の終《お》わりから冬《ふゆ》の頭《あたま》にかけて、不思議《ふしぎ》な光景《こうけい》が繰《く》り広《ひろ》げられる。

それは、**アメリカイセエビの行進《こうしん》**。

イセエビというと、日本《にほん》ではお正月《しょうがつ》などに食《た》べる大《おお》きなエビだ。僕《ぼく》のようなしがない研究者《けんきゅうしゃ》には手《て》の出《で》ない、いわゆる高級食材《こうきゅうしょくざい》。

アメリカにいるイセエビは、日本《にほん》のものよりひと回《まわ》り大《おお》きい。そして、このイセエビたちが列《れつ》をなして海底《かいてい》を行進《こうしん》するそうだ。

この時期《じき》、海底《かいてい》には何百《なんびゃく》もの行進《こうしん》の列《れつ》があらわれる。

数匹《すうひき》から数十匹《すうじゅっぴき》くらいが一列《れつ》になって、どんどん泳《およ》ぎ歩《ある》く。

前《まえ》にいるエビの体《からだ》の一部《いちぶ》をさわったり、眼《め》で前《まえ》のエビの姿《すがた》を見《み》たりしながら、列《れつ》からはずれないように行進《こうしん》するんだって。

まるで電車《でんしゃ》ごっこをしているみたいで、見《み》ているだけでいやされるよ。

●迷子《まいご》にならない、その理由《りゆう》とは?

アメリカイセエビは、ふだんは水深《すいしん》3～10メートルくらいの浅《あさ》いところで暮《く》らしている。この地域《ちいき》では、秋《あき》になるとハリケーンが発生《はっせい》して海《うみ》が荒《あ》れる。そして、だんだんと水温《すいおん》が低《ひく》くなるんだ。この時期《じき》にアメリカイセエビは行進《こうしん》して南《みなみ》へ向《む》かう。

どうやら、暖《あたた》かくておだやかな海《うみ》をめざしてみんなでそろって移動《いどう》しているらしいんだ。移動《いどう》が始《はじ》まると、**昼夜《ちゅうや》を問《と》わず数日間《すうじつかん》、南《みなみ》へ向《む》かって歩《ある》きつづける。**歩《ある》くのに一生懸命《いっしょうけんめい》なので、前《まえ》に障害物《しょうがいぶつ》があっても、たとえそれが海底《かいてい》に寝転《ねころ》んだダイバーであっても、乗《の》りこえて歩《ある》きつづけるんだって! 30キロメートルほど歩《ある》きつづけると、水深《すいしん》10～30メートルの海底《かいてい》に到着《とうちゃく》する。エビたちはそこでしばらく過《す》ごすんだ。

行進《こうしん》して移動《いどう》するアメリカイセエビだけど、たとえ1匹《ぴき》だけになっても迷子《まいご》にはならないんだ。その理由《りゆう》を調《しら》べた研究《けんきゅう》がある。

アメリカイセエビを元《もと》いた場所《ばしょ》から、目隠《めかく》しをして遠《とお》くへ連《つ》れて行《い》く実験《じっけん》をすると、ちゃんと元《もと》いた場所《ばしょ》に正確《せいかく》に戻《もど》る。これは、このエビの脳《のう》の中《なか》には「地図《ちず》」があって、自分《じぶん》が今《いま》どこにいるかを正確《せいかく》に知《し》ることができることを意味《いみ》しているらしい。

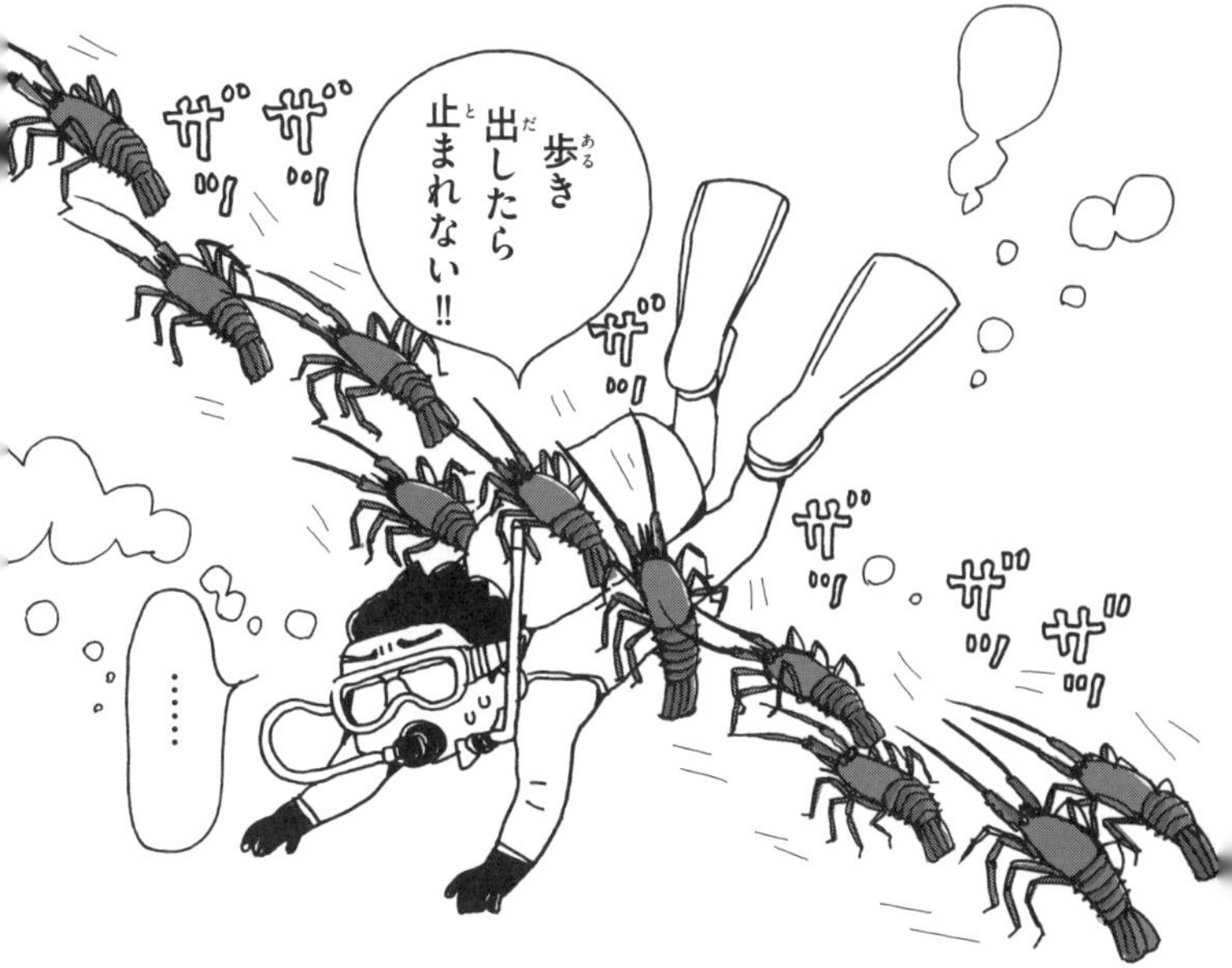

また、脳内《のうない》の地図《ちず》を使《つか》うには、「地磁《ちじ》気《き》」を感《かん》じる力《ちから》がいる。地球《ちきゅう》というのは、ひとつのばかでかい磁石《じしゃく》になっている。だからコンパスは常《つね》に北《きた》を示《しめ》す。これを地磁気《ちじき》というんだ。

渡《わた》り鳥《どり》の中《なか》には、地磁気《ちじき》を利用《りよう》して飛《と》ぶ方角《ほうがく》を決《き》めているものがいる。そして、アメリカイセエビも同《おな》じように地磁気《ちじき》を使《つか》って海底《かいてい》を歩《ある》いているらしいんだ。

見《み》た目《め》によらず、じつはすごい能力《のうりょく》の持《も》ち主《ぬし》なんだね！　恐《おそ》れ入《い》りました！

ヒトデ

ちぎれて増《ふ》えるのか!!
再生力《さいせいりょく》がヤバい!
海《うみ》のスター

生態《せいたい》がヤバい

★特徴《とくちょう》など……海水《かいすい》が温《あたた》かい季節《きせつ》にちぎれやすい

★生息地《せいそくち》……世界中《せかいじゅう》の海《うみ》

★分類《ぶんるい》……棘皮動物門《きょくひどうぶつもん》ヒトデ綱《こう》

●海《うみ》の星《ほし》・ヒトデは自《みずか》らちぎれちゃう！

ヒトの男女《だんじょ》と同《おな》じように、ヒトデにもオスとメスがいて、協力《きょうりょく》して子《こ》どもをつくる。これを「有性生殖《ゆうせいせいしょく》」という。そしてヒトデは、もうひとつ、子《こ》どもをつくる衝撃的《しょうげきてき》な方法《ほうほう》を持《も》っている。

なんと、**ちぎれて、増《ふ》える**のだ！

こういう増《ふ》え方《かた》は、有性生殖《ゆうせいせいしょく》に対《たい》して、「無性生殖《むせいせいしょく》」といわれる。

ちぎれ方《かた》は2通《とお》りある。

ひとつは、体《からだ》が真《ま》っ二《ぷた》つにわかれて、それぞれが1匹《ぴき》のヒトデになるパターンだ。1時間《じかん》から1日《にち》かけてちぎれて、1年《ねん》くらいかけて完全《かんぜん》なヒトデになる。

この増《ふ》え方《かた》ができるヒトデは20種類《しゅるい》くらいいて、よく知《し》られているのは「ヤツデヒトデ」だ。腕《うで》が8本《ぽん》あるヒトデで、腕《うで》が4本《ほん》ずつになるように真《ま》っ二《ぷた》つにわかれる。

もうひとつは、腕《うで》だけがちぎれるパターン。

1本《ぽん》の腕《うで》がぽろりとちぎれて、そこから1匹《ぴき》のヒトデになる。こちらはよりハイレベルなので、できるヒトデは6種類《しゅるい》くらいしかいない。

●ヒトデの仲間《なかま》はすごい再生能力《さいせいのうりょく》を持《も》っている

ちぎれて増《ふ》えるヒトデ。この増《ふ》え方《かた》は、もともとはちがう目的《もくてき》で行《おこな》われていたらしい。

そもそもヒトデは、「再生能力《さいせいのうりょく》」がとても高《たか》い。もっというと、ヒトデだけではなく、ヒトデやウニなどの「棘皮動物《きょくひどうぶつ》」はみんな再生能力《さいせいのうりょく》が高《たか》い。

たとえば、棘皮動物《きょくひどうぶつ》の一員《いちいん》である、ナマコ。

ジャノメナマコというナマコは、自分《じぶん》の内臓《ないぞう》の一部《いちぶ》を肛門《こうもん》から放《ほう》り出《だ》し、敵《てき》にからませて、その隙《すき》に逃《に》げるという荒技《あらわざ》を持《も》っている。

たとえ命《いのち》を守《まも》るためとはいえども、内臓《ないぞう》を投《な》げ出《だ》したらその後《ご》の生活《せいかつ》に困《こま》るのでは？と思《おも》うけど、内臓《ないぞう》はしばらくしたら再生《さいせい》されるので問題《もんだい》はないようだ。

ヒトデも再生能力《さいせいのうりょく》が高《たか》いので、体《からだ》の一部《いちぶ》がなくなっても、すぐに再生《さいせい》される。**捕食者《ほしょくしゃ》につかまったときには、その部分《ぶぶん》だけ自《みずか》ら切《き》り離《はな》す**。しかし、しばらくすれば体《からだ》は元通《もとどお》りになるんだ。

ヒトデでみられる「ちぎれて増《ふ》える」やり方《かた》は、この自切《じせつ》が起源《きげん》だと考《かんが》えられている。捕食者《ほしょくしゃ》から逃《に》げるためにやっていたことが、いつしか仲間《なかま》を増《ふ》やすために使《つか》われるように

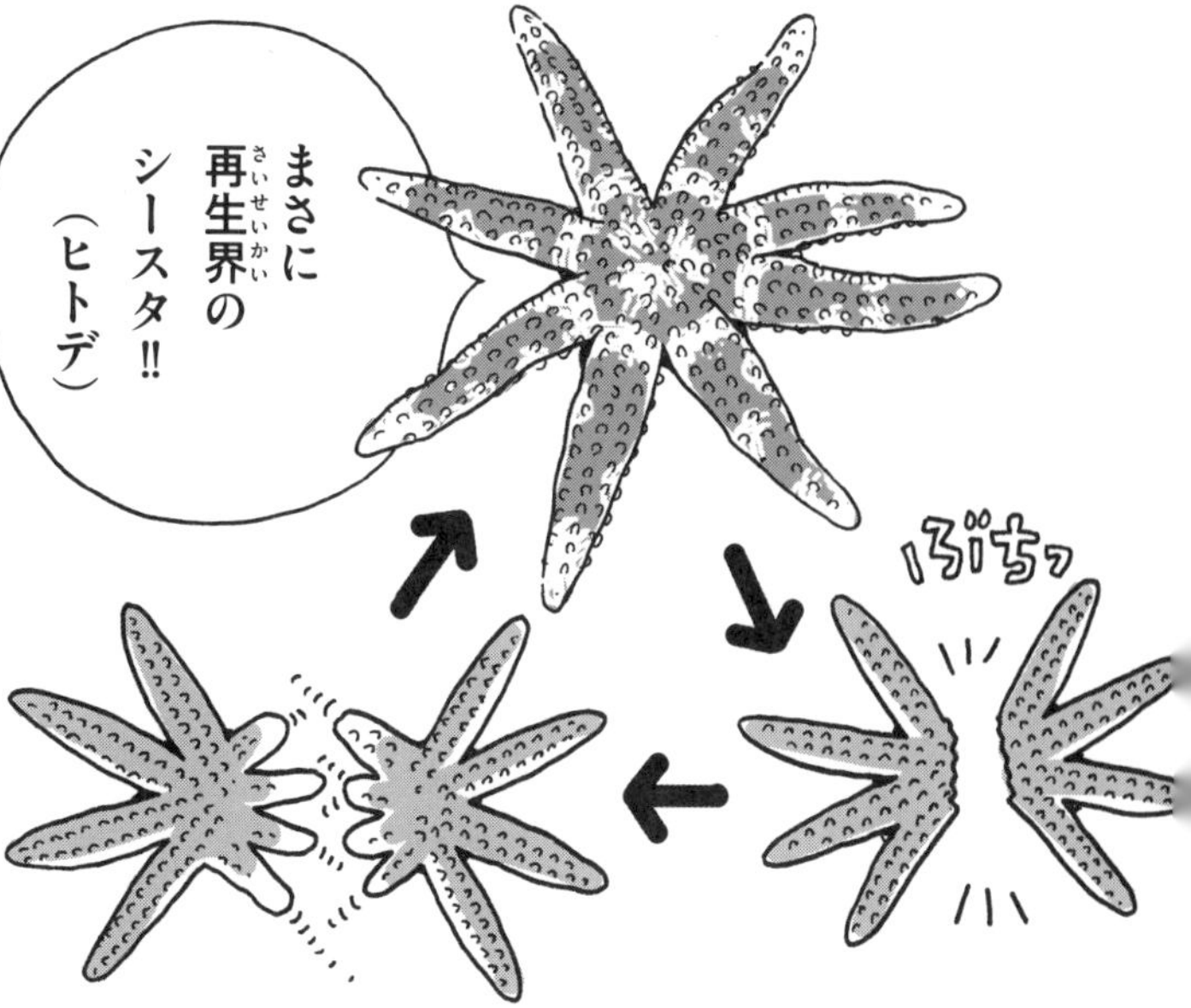

なったんだ。
ちぎれて増《ふ》えるやり方《かた》は、オスとメスが協力《きょうりょく》して子《こ》どもをつくるよりも、早《はや》く仲間《なかま》の数《かず》を増《ふ》やすことができる。ただし、ちぎれて増《ふ》えたものはもともと同《おな》じひとつのヒトデなので、遺伝的《いでんてき》な〝体質《たいしつ》〟がみんな同《おな》じだ。病気《びょうき》にかかったり、環境《かんきょう》が悪《わる》くなったりしたときには、いっぺんに死《し》んでしまう可能性《かのうせい》もある。
だから、有性生殖《ゆうせいせいしょく》によって〝体質《たいしつ》〟のちがう子《こ》どもをつくることも大切《たいせつ》なんだ。

ウツボカズラ

植物《しょくぶつ》なのに、肉食系《にくしょくけい》!!
小動物《しょうどうぶつ》もえじきにする
スーパー食虫植物《しょくちゅうしょくぶつ》

生態《せいたい》がヤバい

★特徴《とくちょう》など…うまくやればキミの家《いえ》でも育《そだ》てられるぞ
★生息地《せいそくち》……東南《とうなん》アジア、中国《ちゅうごく》、オーストラリアなど
★分類《ぶんるい》………ナデシコ目《もく》ウツボカズラ科《か》

●貧弱《ひんじゃく》な土地《とち》でサバイバルするための戦略《せんりゃく》

食虫植物《しょくちゅうしょくぶつ》はその名《な》のとおり、虫《むし》を食《た》べる植物《しょくぶつ》だ。植物《しょくぶつ》でありながら、肉食《にくしょく》に進化《しんか》した生《い》きものなんだ。

僕《ぼく》たちの身《み》のまわりでみられる木《き》や草《くさ》などの植物《しょくぶつ》は、土《つち》の中《なか》に根《ね》を張《は》って、水《みず》とともに「窒素《ちっそ》」や「リン」などの生《い》きる上《うえ》で欠《か》かせない栄養素《えいようそ》を吸収《きゅうしゅう》している。しかし、場所《ばしょ》によってはこうした栄養素《えいようそ》がほとんどないような、貧弱《ひんじゃく》な土地《とち》もある。

食虫植物《しょくちゅうしょくぶつ》は、そうした貧弱《ひんじゃく》な土地《とち》でもサバイバルできるように特別《とくべつ》に進化《しんか》してきた植物《しょくぶつ》なんだ。土《つち》の中《なか》に栄養素《えいようそ》がないなら、虫《むし》からもらっちゃえ！　というわけ。

虫《むし》を捕《と》るために食虫植物《しょくちゅうしょくぶつ》はさまざまなワナを〝発明《はつめい》〟してきた。

はさみこみ式《しき》のワナで捕《つか》まえたり、ネバネバで虫《むし》をからめとったり……。中《なか》でも僕《ぼく》の一《いち》押《お》しは、「ウツボカズラ」の仲間《なかま》が持《も》つ〝袋《ふくろ》〟だ。この袋《ふくろ》のおかげで、ウツボカズラは「スーパー食虫植物《しょくちゅうしょくぶつ》」ともいえる存在《そんざい》となっている。

なぜ「スーパー」かって？　それは、袋《ふくろ》の大《おお》きさが数十《すうじゅっ》センチメートルもあるような大《おお》きなウツボカズラの場合《ばあい》、虫《むし》だけでなく、ネズミやコウモリなんかも捕《つか》まえるからなんだ！

植物《しょくぶつ》なのに小動物《しょうどうぶつ》もえじきにする……。もはや食虫植物《しょくちゅうしょくぶつ》の域《いき》を超《こ》えてしまっている。うーん、ヤバい。

●もしも超巨大《ちょうきょだい》なウツボカズラがあったら？

ウツボカズラはマレーシアやインドネシアなどの東南《とうなん》アジアでよくみられる食虫植物《しょくちゅうしょくぶつ》で、100種類以上《しゅるいいじょう》が知《し》られている。袋《ふくろ》の形《かたち》や大《おお》きさは種類《しゅるい》によってさまざまだ。

そしてそのどれもがとても巧妙《こうみょう》なつくりをしている。

まず、袋《ふくろ》の口《くち》が滑《すべ》り台《だい》のようなつくりになっている。虫《むし》や小動物《しょうどうぶつ》がひとたびそこまでたどりついたらほぼ確実《かくじつ》に袋《ふくろ》の中《なか》に落《お》ちてしまうんだ！　また、袋《ふくろ》の口《くち》まで獲物《えもの》をおびき寄《よ》せるために、袋《ふくろ》の口《くち》や袋《ふくろ》のふたから甘《あま》い蜜《みつ》を出《だ》している。

袋《ふくろ》に落《お》ちてしまった獲物《えもの》は外《そと》へ出《で》ようとする。でもそれは難《むずか》しい。袋《ふくろ》の壁《かべ》はロウソクのロウでかためたようにつるつるで脚《あし》がひっかからないし、食《く》い破《やぶ》るにはかたすぎる。

こうして袋《ふくろ》へ落《お》ちた獲物《えもの》を待《ま》ち受《う》けているのは、袋《ふくろ》の中《なか》にある「消化液《しょうかえき》」だ。

ウツボカズラが欲《ほ》しいのは虫《むし》や小動物《しょうどうぶつ》の〝お肉《にく》〟の部分《ぶぶん》なので、お肉《にく》を溶《と》かすための消《しょう》

化液《かえき》が袋《ふくろ》の中《なか》にたまっているんだ。
ただしこの消化液《しょうかえき》はあまり強《つよ》くはない。そのため溶《と》かすには時間《じかん》がかかる。ゆっくりと獲物《えもの》を溶《と》かして栄養素《えいようそ》に変《か》えたら、袋《ふくろ》の壁《かべ》から吸収《きゅうしゅう》するんだ。
では、もしも、人間《にんげん》が入《はい》れるくらいの超巨大《ちょうきょだい》ウツボカズラがあったら、人間《にんげん》も溶《と》けるだろうか？
もちろん誰《だれ》も実験《じっけん》したことはないのでわからないけど、小動物《しょうどうぶつ》と同《おな》じように溶《と》ける可能性《かのうせい》は高《たか》い。ネズミやコウモリの場合《ばあい》、骨《ほね》は溶《と》けずに残《のこ》るので、人間《にんげん》も骨《ほね》や歯《は》などのかたい部分《ぶぶん》は残《のこ》るだろうね。

クロソラスズメダイ

人間《にんげん》だけじゃない!!
藻類《そうるい》を育《そだ》てて食《た》べる
〝農業《のうぎょう》〟をする魚《さかな》

生態《せいたい》がヤバい

★特徴《とくちょう》など……イトグサ畑《ばたけ》に近《ちか》づく者《もの》を攻撃《こうげき》する
★生息地《せいそくち》……アフリカ東岸《とうがん》からインド洋《よう》、太平洋《たいへいよう》
★分類《ぶんるい》……スズキ目《もく》スズメダイ科《か》

●作物《さくもつ》を育《そだ》てて食《た》べるのは人間《にんげん》だけじゃない！

野菜《やさい》を栽培《さいばい》したり、ウシやヒツジを飼《か》って牧畜《ぼくちく》をしたり……。人間《にんげん》は農業《のうぎょう》を営《いとな》む生《い》きものだ。そんな器用《きよう》なことができるのは人間《にんげん》だけ？　いやいや、じつは〝農業《のうぎょう》〟をする生《い》きものはほかにもいろいろいるんだよ！

たとえば、海《うみ》の中《なか》には、**藻類《そうるい》を栽培《さいばい》する魚《さかな》がいる！**

その魚《さかな》は、クロソラスズメダイ。10センチメートルくらいの大《おお》きさで、全身《ぜんしん》が黒《くろ》っぽい色《いろ》をしている。サンゴ礁《しょう》で暮《く》らしていて、1匹《ぴき》ごとになわばりを持《も》っているんだ。

サンゴ礁《しょう》の上《うえ》には、いろんな藻類《そうるい》が生《は》えているんだけど、クロソラスズメダイはそのうち「イトグサ」という藻類《そうるい》だけを残《のこ》して、そのほかの藻類《そうるい》はついばんで、なわばりの外《そと》へ持《も》っていき、捨《す》てる。

そんなことをくり返《かえ》していると、そのうち一面《いちめん》イトグサだらけ。イトグサの畑《はたけ》だ。

そしてクロソラスズメダイはこのイトグサを食《た》べて暮《く》らす。クロソラスズメダイがいなくなると、すぐにほかの藻類《そうるい》が生《は》えてきて、イトグサの畑《はたけ》は消滅《しょうめつ》するんだって。

自分《じぶん》の食《た》べものを自分《じぶん》で育《そだ》てる魚《さかな》がいるなんて、生《い》きものの世界《せかい》はほんとおもしろい。

●アリがチョウの幼虫《ようちゅう》を育《そだ》てる!?

クロソラスズメダイのイトグサ栽培《さいばい》が発見《はっけん》されるより前《まえ》から知《し》られているのが、アリの〝農業《のうぎょう》〟だ。アリも農業《のうぎょう》するなんて……マジ!? と思《おも》ったキミ、いい反応《はんのう》だ!

アリは、栽培《さいばい》もするし、牧畜《ぼくちく》もするんだ!!

アメリカ大陸《たいりく》の熱帯雨林《ねったいうりん》にいる「ハキリアリ」の仲間《なかま》は、菌類《きんるい》を栽培《さいばい》する。アリたちは、いろいろな葉《は》っぱや花《はな》を切《き》りとって地中《ちちゅう》にある巣《す》へ運《はこ》び、それらを土台《どだい》にして菌類《きんるい》を育《そだ》てる。そしてこの菌類《きんるい》を食《た》べて暮《く》らすんだ。まるで、僕《ぼく》たちが木《き》を土台《どだい》にしてシイタケを育《そだ》てて食《た》べるようなもんだ。

アリは小《ちい》さな生《い》きものだけど、数《かず》が多《おお》いし勤勉《きんべん》なので、その破壊力《はかいりょく》はすさまじい。彼《かれ》らが暮《く》らす熱帯雨林《ねったいうりん》では、すべての葉《は》っぱのうち17パーセント、つまり6分《ぶん》の1はハキリアリに切《き》りとられるらしい。葉《は》っぱはどんどん新《あたら》しく生《う》まれるから問題《もんだい》ないけど、それにしてもすごいありんこパワーだ!

ハキリアリに育《そだ》てられる種類《しゅるい》の菌《きん》は、巣《す》の外《そと》ではまずみつからない。ハキリアリに育《そだ》てられることでしか、生息《せいそく》できないんだ。ハキリアリと菌《きん》は、お互《たが》いになくてはならない存《そん》

在《ざい》になっているんだ。

アリの中《なか》には、牧畜《ぼくちく》をするものもいる。アリが育《そだ》てるのは、シジミチョウというチョウの仲間《なかま》の幼虫《ようちゅう》だ。

アリたちは幼虫《ようちゅう》を巣《す》へ運《はこ》びこみ、エサをとってきたり、糞《ふん》を片《かた》づけたりとまめまめしく面倒《めんどう》をみる。そしてそのかわりに、幼虫《ようちゅう》が体《からだ》から出《だ》す甘《あま》い汁《しる》をいただくんだ。

牧畜《ぼくちく》をする魚《さかな》ってのはまだみつかっていないけど、広《ひろ》い海《うみ》のことだからもしかしたらいるかもしれない。そんなのがいるかもと思《おも》っただけで、わくわくしてくるよ。

ウェルウィッチア

2枚《まい》の葉《は》がひたすら伸《の》びるセンターわけの植物《しょくぶつ》

生態《せいたい》がヤバい

★特徴《とくちょう》など……砂漠《さばく》で生《い》きる、へんてこな植物《しょくぶつ》
★生息地《せいそくち》……アフリカのナミブ砂漠《さばく》
★分類《ぶんるい》……グネツム目《もく》ウェルウィッチア科《か》

●永久《えいきゅう》に伸《の》びつづける、センターわけの葉《は》

この植物《しょくぶつ》のことを日本《にほん》の園芸家《えんげいか》が「キソウテンガイ（奇想天外《きそうてんがい》）」と呼《よ》びたくなった気《き》持《も》ち、よくわかる気《き》がする。

キソウテンガイの本名《ほんみょう》は、ウェルウィッチア。オーストリアの植物学者《しょくぶつがくしゃ》で探検家《たんけんか》のフリードリヒ・ウェルウィッチがアフリカのナミブ砂漠《さばく》で発見《はっけん》したから、こういう名前《なまえ》がつけられたんだ。

ウェルウィッチアには短《みじか》い幹《みき》があり、その幹《みき》のてっぺんから2枚《まい》の葉《は》が生《は》えている。生《は》え方《かた》は、人間《にんげん》の髪型《かみがた》でいう〝センターわけ〟みたいだ。

そしてこの**2枚《まい》の葉《は》がひたすら伸《の》びつづける**んだ！

僕《ぼく》たちがふだん見《み》る植物《しょくぶつ》とはあまりにもようすがちがう。こんな植物《しょくぶつ》はほかにいない。

若《わか》いウェルウィッチアの中《なか》には、伸《の》びていった2枚《まい》の葉《は》がくるくるときれいにカールしているものがある。まるでお嬢様風《じょうさまふう》のカツラといった雰囲気《ふんいき》だ。

野生《やせい》のウェルウィッチアは、なかなか厳《きび》しい環境《かんきょう》で生《い》きている。砂漠《さばく》なので、基本的《きほんてき》に水《みず》は少《すく》ない。そのため、根《ね》を長《なが》〜く伸《の》ばして、地下《ちか》の水《みず》を吸《す》い上《あ》げている。また、葉《は》につ

く霧《きり》を利用《りよう》しているとも考《かんが》えられているんだ。

●すべての生《い》きものの中《なか》でもっとも長生《ながい》きなのは？

ウェルウィッチアはとっても長寿《ちょうじゅ》な植物《しょくぶつ》でもある。長生《ながい》きしているものは、1500歳《さい》以上《いじょう》にもなるというから、これはおどろき以外《いがい》のなにものでもない！　日本《にほん》が古墳時代《こふんじだい》～飛鳥時代《あすかじだい》だったころに芽《め》が出《で》て、今《いま》も生《い》きているってことだ。

ただし、伸《の》びた葉《は》の先《さき》は地面《じめん》につくと乾燥《かんそう》して、徐々《じょじょ》にすりきれてなくなってしまうから、1500年前《ねんまえ》の葉《は》を見《み》ることはできないんだ。

もしすりきれずに残《のこ》っていたとしたら、どのくらい巨大《きょだい》な植物《しょくぶつ》になっていたんだろうね。

ウェルウィッチアの1500歳《さい》という年齢《ねんれい》はかなりすごい。でも、もっと上《うえ》をいく植物《しょくぶつ》もいるんだ。

アメリカのカリフォルニアにあるホワイト・マウンテンという山《やま》には、なんと樹齢《じゅれい》5000年《ねん》をこえる木《き》があるんだ！

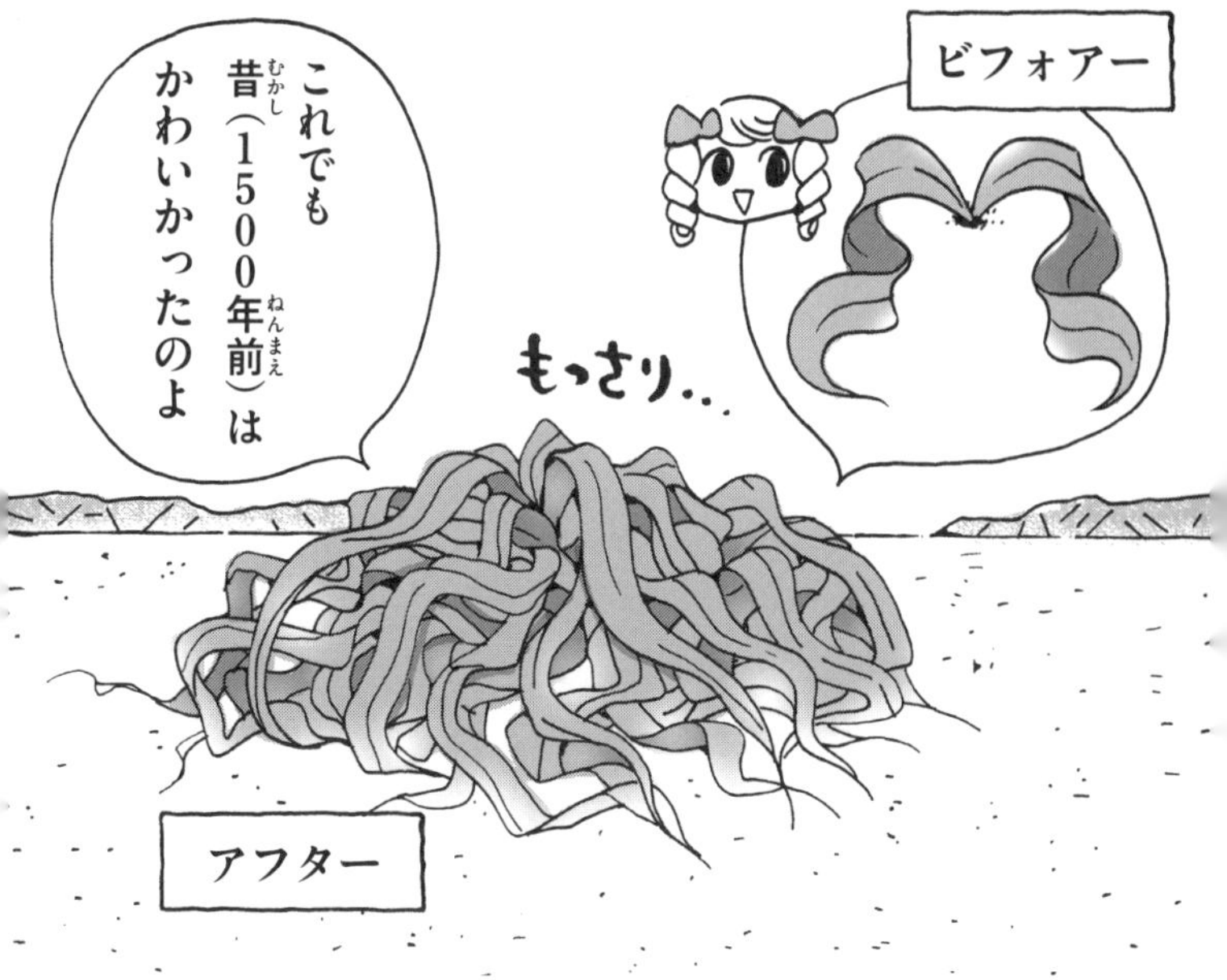

イガゴヨウと呼《よ》ばれるマツの仲間《なかま》だ。

このイガゴヨウは、**今《いま》生《い》きているすべての生《い》きものの中《なか》で、最高齢《さいこうれい》**ではないかといわれている。ものすごい長寿《ちょうじゅ》の木《き》だよね。

5000年前《ねんまえ》といったら、日本《にほん》は縄文《じょうもん》時代《じだい》ということになる。そんなころからずっと生《い》きているなんて、気《き》の遠《とお》くなるような話《はなし》だね。

ゾウアザラシ

モテモテのオスは3か月《げつ》もの間《あいだ》、エサも食《た》べずにハーレムを守《まも》る

生態《せいたい》がヤバい

★特徴《とくちょう》など……アシカ、アザラシ、セイウチの中《なか》で最大《さいだい》の体《からだ》

★生息地《せいそくち》……南極海《なんきょくかい》とその周辺《しゅうへん》（ミナミゾウアザラシ）
北《きた》アメリカの西海岸《にしかいがん》（キタゾウアザラシ）

★分類《ぶんるい》……ネコ目《もく》アザラシ科《か》

●命《いのち》がけでメスたちを守《まも》る、ゾウアザラシのオス

哺乳類《ほにゅうるい》の中《なか》で、**オスとメスの体型《たいけい》の差《さ》がもっとも大《おお》きい**といわれているのが、ゾウアザラシだ。

南極大陸付近《なんきょくたいりくふきん》で暮《く》らす「ミナミゾウアザラシ」は、オスの体重《たいじゅう》が最大《さいだい》で4トン近《ちか》くなる。これはメスの体重《たいじゅう》の5倍以上《ばいいじょう》。同《おな》じ種類《しゅるい》なの？ と思《おも》うくらい、オスとメスで見《み》た目《め》もちがう。なんでこんなにオスがでかいのか？ それには理由《りゆう》がある。

ゾウアザラシは、ふだんは海《うみ》で暮《く》らしているけれど、毛《け》が生《は》えかわるときと、子《こ》どもをつくる繁殖期《はんしょくき》だけは浜辺《はまべ》で暮《く》らす。そして繁殖期《はんしょくき》には、浜辺《はまべ》で「ハーレム」をつくるんだ。

ハーレムとは、1頭《とう》のオスと、そのオスと子《こ》どもをつくるメスたちで構成《こうせい》されるグループのこと。メスの数《かず》は数十頭《すうじゅっとう》のこともあれば、数百頭《すうひゃくとう》、多《おお》い場合《ばあい》は1000頭《とう》くらいになることもあるそうだ。すごい数《かず》だね。

このハーレムを持《も》つには、オス同士《どうし》のけんかに勝《か》たなければならない。血《ち》みどろの闘《たたか》いで勝者《しょうしゃ》となったオスだけがハーレムを持《も》てる。闘《たたか》いに勝《か》つためには、体《からだ》は大《おお》きな方《ほう》がいい。そして、大《おお》きいオスがメスにも気《き》に入《い》られる。

オスは、いつもほかのオスからハーレムを守《まも》らなければならない。**エサを食《た》べてる暇《ひま》もないんだ！**　だからおよそ3か月間《げつかん》の繁殖期《はんしょくき》が終《お》わるころには半分近《はんぶんちか》くにまで体重《たいじゅう》が減《へ》る。この過酷《かこく》な〝ダイエット〟に耐《た》え抜《ぬ》くためにも、体《からだ》は大《おお》きな方《ほう》がいいんだ。

●リズミカルな鳴《な》き声《ごえ》を聞《き》けば、誰《だれ》なのかわかっちゃう

ゾウアザラシには、北《きた》アメリカの西海岸《にしかいがん》で暮《く》らす「キタゾウアザラシ」もいる。ミナミゾウアザラシよりは少《すこ》し体《からだ》は小《ちい》さいけれど、オスの長《なが》く垂《た》れ下《さ》がった鼻《はな》は、キタゾウアザラシの方《ほう》が大《おお》きい。

このキタゾウアザラシについて、2017年《ねん》におもしろい発見《はっけん》があった。

ゾウアザラシのオスは、闘《たたか》いや威嚇《いかく》のときに特殊《とくしゅ》な声《こえ》を出《だ》す。たとえると、短《みじか》いいびきを何度《なんど》もリズミカルにくり返《かえ》すような鳴《な》き方《かた》だ。

研究《けんきゅう》してみると、この〝いびき声《ごえ》〟が、1頭《とう》1頭《とう》ちがっていることがわかったんだ。僕《ぼく》たちの声色《こわいろ》がひとりひとりちがうように、キタゾウアザラシのオスの鳴《な》き声《ごえ》はそれぞれちがい、しかもそれをみんながわかっている。だから鳴《な》き声《ごえ》を聞《き》いただけで、「あ、強《つよ》

いヤツがやってきた！　逃《に》げろ――」

ということになるんだ。

オスの声《こえ》を録音《ろくおん》して、リズムや音色《ねいろ》を変《か》える実験《じっけん》をすると、キタゾウアザラシのオスたちはちがいを聞《き》きわけたらしい。

そして、自分《じぶん》より強《つよ》いオスの声《こえ》を聞《き》いたときには、逃《に》げ出《だ》したんだ。

声《こえ》の「リズムと音色《ねいろ》」を聞《き》きわけ、声《こえ》の主《ぬし》を特定《とくてい》して行動《こうどう》にむすびつける哺乳《ほにゅう》類《るい》は、ヒト以外《いがい》ではこれまで知《し》られていなかった。

哺乳類《ほにゅうるい》であること以外《いがい》に共通点《きょうつうてん》のなさそうなヒトとゾウアザラシだけど、思《おも》わぬところに接点《せってん》があったんだ！

キョクアジサシ

いい風《かぜ》を利用《りよう》して太陽《たいよう》が沈《しず》まないところをめざすすごい体力《たいりょく》の渡《わた》り鳥《どり》

生態がヤバい

★特徴《とくちょう》など…魚《さかな》のほか、飛《と》びながら昆虫《こんちゅう》を食《た》べることもある
★生息地《せいそくち》……北極地方《ほっきょくちほう》、北《きた》アメリカ北部《ほくぶ》、南極大陸《なんきょくたいりく》
★分類《ぶんるい》………チドリ目《もく》カモメ科《か》

●地球《ちきゅう》の端《はし》から端《はし》へ移動《いどう》する鳥《とり》

家《いえ》の軒下《のきした》などにツバメが巣《す》をつくっているのを見《み》たことはあるかな？

ツバメは、春《はる》に日本《にほん》で巣《す》をつくり、卵《たまご》を産《う》んで子育《こそだ》てをする。そして秋《あき》になるとフィリピンやマレー半島《はんとう》など南《みなみ》の暖《あたた》かい地域《ちいき》へ移動《いどう》する。一年中《いちねんじゅう》、日本《にほん》にいるわけじゃないんだ。

このように、季節《きせつ》が変《か》わると移動《いどう》する鳥《とり》のことを「渡《わた》り鳥《どり》」という。

春《はる》から夏《なつ》の暖《あたた》かい季節《きせつ》だけ日本《にほん》にいる、ツバメのような渡《わた》り鳥《どり》は「夏鳥《なつどり》」と呼《よ》ばれる。逆《ぎゃく》に、カモの仲間《なかま》のように寒《さむ》い季節《きせつ》だけ日本《にほん》にいる渡《わた》り鳥《どり》を「冬鳥《ふゆどり》」と呼《よ》ぶんだ。

世界《せかい》にはさまざまな渡《わた》り鳥《どり》がいる。ここでは「キョクアジサシ」を紹介《しょうかい》しよう。ハトくらいの大《おお》きさで、赤《あか》いくちばしと黒《くろ》い帽子《ぼうし》をかぶったような頭《あたま》が特徴《とくちょう》の鳥《とり》だ。

この鳥《とり》は、**もっとも長《なが》い距離《きょり》を移動《いどう》する渡《わた》り鳥《どり》**として知《し》られている。

なんと、1年《ねん》で南極《なんきょく》と北極《ほっきょく》を往復《おうふく》するんだ！　すさまじい体力《たいりょく》だよね。

最新《さいしん》の研究《けんきゅう》によると、**1年間《ねんかん》の移動距離《いどうきょり》は最大《さいだい》で8万《まん》キロメートル**にもなる。8万《まん》キロといわれてもピンとこないかな。およそ、**地球《ちきゅう》2周分《しゅうぶん》だ！**

そんなに飛《と》んでどうするの？　と聞《き》きたくなるよね。

●記録装置《きろくそうち》を体《からだ》にとりつけて、渡《わた》りを観察《かんさつ》する

空《そら》を飛《と》ぶ鳥《とり》のことを調《しら》べるのは、飛《と》べない僕《ぼく》たち人間《にんげん》にとっては難《むずか》しい。だから、渡《わた》り鳥《どり》のことも長《なが》い間《あいだ》、謎《なぞ》だらけだった。

しかし近年《きんねん》になって、「バイオロギング」という手法《しゅほう》が使《つか》われるようになり、渡《わた》り鳥《どり》の研究《けんきゅう》は飛躍的《ひやくてき》に進《すす》んだ。バイオは生《い》きもの、ロギングは記録《きろく》するという意味《いみ》だ。

バイオロギングでは、生《い》きものに小型《こがた》の記録装置《きろくそうち》をとりつける。この装置《そうち》は、自分《じぶん》が今《いま》どこにいるのかを常《つね》に記録《きろく》する。研究者《けんきゅうしゃ》は、記録《きろく》された情報《じょうほう》を〝観察《かんさつ》〟することで、生《い》きものがどこを移動《いどう》したのかを知《し》ることができるんだ。

キョクアジサシについてもバイオロギングでくわしく調《しら》べられた。それによれば、鳥《とり》たちは8月《がつ》の半《なか》ばに北極圏《ほっきょくけん》に到着《とうちゃく》し、1か月《げつ》ほど滞在《たいざい》して子育《こそだ》てをする。この時期《じき》は北極圏《ほっきょくけん》は夏《なつ》で、太陽《たいよう》が沈《しず》まない日《ひ》がつづく。そして9月半《がつなか》ばに北極圏《ほっきょくけん》を旅《たび》立《だ》つと、90日間《にちかん》ほどかけて南《みなみ》へ南《みなみ》へと飛《と》び、11月《がつ》の終《お》わりに南極圏《なんきょくけん》に到着《とうちゃく》する。この時期《じき》は、南極圏《なんきょくけん》の夏《なつ》にあたり、またしても太陽《たいよう》が沈《しず》まない日々《ひび》がつづく。

つまりキョクアジサシたちは、太陽《たいよう》が沈《しず》まない時期《じき》の北極圏《ほっきょくけん》と南極圏《なんきょくけん》を行《い》ったり来《き》たり

しているわけなんだ。

以前《いぜん》の研究《けんきゅう》では、キョクアジサシは陸《りく》地《ち》に沿《そ》って移動《いどう》すると考《かんが》えられていたため、渡《わた》りの距離《きょり》はもっと短《みじか》いとされていた。でもバイオロギングで調《しら》べてみると、陸《りく》から遠《とお》く離《はな》れた海《うみ》の上《うえ》も通《とお》っていることがわかった。

一見《いっけん》、遠回《とおまわ》りのように見《み》えるけど、どうやら鳥《とり》の体《からだ》を運《はこ》んでくれるいい風《かぜ》を利《り》用《よう》するために、そんなルートを選《えら》んでいるらしい。

北極《ほっきょく》と南極《なんきょく》を、風《かぜ》に乗《の》って旅《たび》をする。なんとも雄大《ゆうだい》な渡《わた》り鳥《どり》だね。

へんな名前《なまえ》の生《い》きもの、紹介《しょうかい》します！〈その2〉

●どっちやねん！　といいたくなる

トゲナシトゲトゲ

ハムシという、コガネムシを小《ちい》さくしたような昆虫《こんちゅう》の仲間《なかま》がいる。このハムシの中《なか》に、たくさんのとげで敵《てき》から身《み》を守《まも》っている「トゲハムシ」というグループがいる。日本《にほん》には14種類《しゅるい》いて、それぞれ「〇〇トゲトゲ」という和名《わめい》がついている。

このトゲハムシのうち4種類《しゅるい》は、細《ほそ》いすき間《ま》に身《み》を隠《かく》すことで敵《てき》から逃《のが》れるように進化《しんか》したので、とげがなくなったんだって！　そいつらのことを「トゲナシトゲトゲ」と呼《よ》んでいるんだ。なんだかこんがらがってきたゾ！

タコイカ

タコなのか、イカなのか？　正解《せいかい》は、イカだ。腕《うで》が8本《ぽん》あるイカなんだって！

●どうしてそんな名前《なまえ》になった？

ヒゲソリダイ

ヒゲダイという魚《さかな》は、下《した》あごからひげのような突起《とっき》がちょんぼりと生《は》えている。まるで、あごひげそのもの！　このヒゲダイの仲間《なかま》で、あごひげがほとんどないものを「ヒゲソリダイ」と呼《よ》んでいるんだ。「ヒゲナシダイ」にしなかったとは、センスがいいね！

ウルトラブンブク

海底《かいてい》で暮《く》らすウニの中《なか》に、ブンブクチャガマという名前《なまえ》のグループがいる。全体《ぜんたい》に毛《け》が生《は》えたような姿《すがた》をしているから、『ぶんぶく茶釜《ちゃがま》』という昔話《むかしばなし》に登場《とうじょう》するタヌキみたいに見《み》えたんだろうね。ブンブクチャガマの仲間《なかま》は、「○○ブンブク」という和名《わめい》をつけられる。「ウルトラブンブク」は、20センチメートルくらいの大《おお》きなブンブク。なんだか強《つよ》そうな名前《なまえ》だけど、とくに強《つよ》いという報告《ほうこく》は……今《いま》のところない。

オオタルマワシ

運動会《うんどうかい》の大玉転《おおだまころ》がしみたいな名前《なまえ》だね。これは深海《しんかい》で暮《く》らす生《い》きもので、エビみたいな姿《すがた》をしている。ヒカリボヤなどの生《い》きものを襲《おそ》って中身《なかみ》だけを食《た》べて、外側《そとがわ》の部分《ぶぶん》を「樽《たる》」として利《り》用《よう》する。樽《たる》の中《なか》に卵《たまご》を生《う》んで、孵化《ふか》した子《こ》どもをその中《なか》で育《そだ》てたり、樽《たる》を盾《たて》にして獲物《えもの》に襲《おそ》いかかったりするんだって。

4章《しょう》

強《つよ》くてヤバい

強《つよ》くてヤバい

ゾウ

イライラ期《き》には要注意《ようちゅうい》!!
ブチ切《ぎ》れたら
誰《だれ》にも止《と》められない

★特徴《とくちょう》など……長《なが》い鼻《はな》を手《て》や指《ゆび》、コップのように使《つか》う
★生息地《せいそくち》……アフリカとアジア
★分類《ぶんるい》……ゾウ目《もく》ゾウ科《か》

●ふだんは穏《おだ》やかなんだけど、キレるとヤバい

陸上《りくじょう》で暮《く》らす動物《どうぶつ》のうち、もっとも大《おお》きい生《い》きものがゾウだ。

ゾウというと、穏《おだ》やかな動物《どうぶつ》というイメージがあるかもしれない。ふだんは穏《おだ》やかなのは確《たし》かなんだけど、じつはゾウはかなり危《あぶ》ない動物《どうぶつ》でもある。

野生《やせい》のゾウが暮《く》らしている場所《ばしょ》の近《ちか》くにすむ人《ひと》の中《なか》には、いろんな生《い》きものの中《なか》でゾウがいちばんこわい！　と思《おも》っている人《ひと》もいるくらいなんだ。

なんといっても、ブチ切《ぎ》れたときがヤバい！

あの巨体《きょたい》で暴《あば》れまわるので、誰《だれ》にも止《と》められないまま、家《いえ》などの建物《たてもの》を壊《こわ》し、人《ひと》を襲《おそ》う。たとえばインドでは、1年《ねん》に400〜500人《にん》がゾウによって怪我《けが》をしたり殺《ころ》されたりしているといわれている。

ゾウは、鼻《はな》を使《つか》って大《おお》きな丸太《まるた》を軽々《かるがる》と持《も》ち上《あ》げる力持《ちからも》ちだ。実際《じっさい》、東南《とうなん》アジアの国々《くにぐに》ではそうやって長《なが》い間《あいだ》、人間《にんげん》とともに森林《しんりん》ではたらいてきた。だから僕《ぼく》たち人間《にんげん》を持《も》ち上《あ》げるなんて、朝飯前《あさめしまえ》。あの長《なが》い鼻《はな》を巻《ま》きつけられたら、どうしようもない。

ゾウ同士《どうし》のけんかでも、鼻《はな》を使《つか》って闘《たたか》うんだ。

また、あの太《ふと》い脚《あし》で**踏《ふ》みつけられて死《し》んでしまう**ことも多《おお》い。重《おも》さが数《すう》トンもあるゾウに踏《ふ》まれるなんて、想像《そうぞう》するだけでおそろしいね。

●オスのイライラ期《き》には要注意《ようちゅうい》!

ゾウはなんでブチ切《ぎ》れるのか?

それは、ゾウがもともとかなり臆病《おくびょう》な動物《どうぶつ》だから、というのがひとつの答《こた》えだ。人《ひと》が近《ちか》づいたらさっさと逃《に》げてしまうのが普通《ふつう》なんだけど、そんなゾウをさらに追《お》いかけたりすると、群《む》れを守《まも》らねば! という思《おも》いから攻撃《こうげき》に出《で》てくることがある。なんらかの原因《げんいん》で一度《いちど》パニックになると、落《お》ち着《つ》くまでは手《て》のつけようがないのも特徴《とくちょう》だ。

オスのゾウは、時々《ときどき》ものすごくイライラする時期《じき》があって、そのときにはブチ切《ぎ》れやすくなる。このイライラする時期《じき》のことを「マスト」というんだ。

マストのオスは、こめかみのあたりから特殊《とくしゅ》な液体《えきたい》を出《だ》して、そのにおいでメスを引《ひ》き寄《よ》せ、ライバルのオスを遠《とお》ざけると考《かんが》えられている。

ゾウがブチ切《ぎ》れる理由《りゆう》には、人間《にんげん》との関係《かんけい》もある。

昔《むかし》、ゾウたちは、人《ひと》のいない広大《こうだい》な自《し》然《ぜん》で暮《く》らしていた。でも、だんだんと人《にん》間《げん》が自然《しぜん》を切《き》りひらくようになった。今《いま》でも年々《ねんねん》、ゾウの暮《く》らせる場所《ばしょ》はせまくなっているんだ。すると、人間《にんげん》とゾウの距離《きょり》が近《ちか》くなり、臆病《おくびょう》なゾウたちはすぐパニックになったり、水《みず》やエサを求《もと》めて人《ひと》のすむ地域《ちいき》へ出《で》て行《い》ったりしてしまう。

ゾウたちも大変《たいへん》だけど、人間《にんげん》も困《こま》っている。大事《だいじ》に育《そだ》てていた農作物《のうさくぶつ》をひと晩《ばん》でゾウに全部《ぜんぶ》だめにされた、という人《ひと》もたくさんいるんだ。

ゾウと人《ひと》が共《とも》にうまく生《い》きていくにはどうしたらいいんだろうね。

スベスベマンジュウガニ

強《つよ》くてヤバい

食《た》べるな危険《きけん》！
名前《なまえ》とは裏腹《うらはら》に
猛毒《もうどく》を持《も》つ

★特徴《とくちょう》など……食《た》べたら猛毒《もうどく》だけど、さわるだけなら大丈夫《だいじょうぶ》
★生息地《せいそくち》……日本《にほん》では房総半島《ぼうそうはんとう》より南《みなみ》の太平洋岸《たいへいようがん》
★分類《ぶんるい》……エビ目《もく》オウギガニ科《か》

●かわいい名前《なまえ》にだまされるな！

名《な》は体《たい》をあらわす、という言葉《ことば》がある。

これは、名前《なまえ》というのは、その人《ひと》や物《もの》の性質《せいしつ》をよくあらわす、という意味《いみ》だ。

でも、この生《い》きものはちょっとそれに当《あ》てはまらないと思《おも》う。

その名《な》は、**スベスベマンジュウガニ**。

なんともかわいらしい名前《なまえ》だよね。まんじゅうだって！　しかもすべすべの。

さわってみるとたしかにすべすべしていて丸《まる》っこい。甲羅《こうら》の幅《はば》は5センチメートルほど。

海中《かいちゅう》の石《いし》の下《した》などで暮《く》らしている。

しかし！　名前《なまえ》や見《み》た目《め》にだまされた人《ひと》は、痛《いた》い目《め》にあう。それどころか命《いのち》が危《あぶ》ない！

スベスベマンジュウガニは、オウギガニというカニの仲間《なかま》のひとつで、かわいい名前《なまえ》とは裏腹《うらはら》に猛毒《もうどく》を持《も》っていることで知《し》られているんだ。

食《た》べると数分《すうふん》で舌《した》がしびれて、激《はげ》しく嘔吐《おうと》する。その後《ご》、手足《てあし》が麻痺《まひ》して、しゃべれなくなり、最後《さいご》は息《いき》ができなくなって死《し》んでしまうんだ。

スベスベマンジュウガニをばらばらにして、どこに毒《どく》があるかを調《しら》べた研究《けんきゅう》がある。

それによれば、**はさみの筋肉《きんにく》にもっともたくさん毒《どく》があったらしい。**

カニは、捕食者《ほしょくしゃ》に襲《おそ》われたとき、はさみで防御《ぼうぎょ》する。いざとなればはさみを自切《じせつ》して逃《に》げるんだけど、このはさみを食《た》べた捕食者《ほしょくしゃ》を毒《どく》でやっつけるのでは、と推測《すいそく》されているんだ。

●フグや貝《かい》の猛毒《もうどく》がカニでもみつかるのはなぜか？

オウギガニの仲間《なかま》には、スベスベマンジュウガニのほかにも毒《どく》ガニがいる。「ウモレオウギガニ」と「ツブヒラアシオウギガニ」だ。

とくにウモレオウギガニは、**毒《どく》ガニの中《なか》で最強《さいきょう》の毒《どく》を持《も》つ**といわれているんだ。

スベスベマンジュウガニとウモレオウギガニは、２種類《しゅるい》の毒《どく》を持《も》っている。フグの毒《どく》として知《し》られている「テトロドトキシン」と、食《た》べると体《からだ》が麻痺《まひ》する貝《かい》の毒《どく》だ。

なんでカニなのに、フグ毒《どく》や貝毒《かいどく》を持《も》っているかって？

それはカニの食《た》べているものに秘密《ひみつ》がある。

海《うみ》の中《なか》には、フグ毒《どく》をつくる細菌《さいきん》や、それを食《た》べるプランクトンがいる。また、貝毒《かいどく》を

つくるプランクトンもいる。

オウギガニの仲間《なかま》はこれらをエサにして、体《からだ》の中《なか》に毒《どく》をためているんだ。カニの毒《どく》は、カニが自《みずか》らつくり出《だ》したものではないんだ。

同《おな》じようにして、フグや貝《かい》も、自《みずか》ら毒《どく》をつくり出《だ》すのではなく、エサに含《ふく》まれている毒《どく》を体《からだ》にためこんでいるんだよ。

過去《かこ》に毒《どく》ガニの中毒《ちゅうどく》になった人《ひと》は、カニでみそ汁《しる》をつくろうとした場合《ばあい》が多《おお》い。

カニをつかまえたら、よーく確認《かくにん》してからみそ汁《しる》にしよう。おいしい出汁《だし》ではなく、毒《どく》が出《で》てきちゃったらたいへんだからね！

カラス

まるで霊長類《れいちょうるい》!?
かしこさを〝武器《ぶき》〟にして
たくましく生《い》きる

強《つよ》くてヤバい

★特徴《とくちょう》など……羽根《はね》が黒《くろ》っぽくて、頭《あたま》がよい
★生息地《せいそくち》………北極《ほっきょく》と南極《なんきょく》をのぞく世界中《せかいじゅう》
★分類《ぶんるい》…………スズメ目《もく》カラス科《か》

●たぐいまれな記憶力《きおくりょく》を持《も》ち、集団《しゅうだん》で狩《か》りもする

都会《とかい》や街中《まちなか》では、カラスは嫌《きら》われ者《もの》だ。ゴミをあさるから、というのがその主《おも》な理由《りゆう》。

でもね、カラスを追《お》い払《はら》おうとして嫌《いや》がらせなどをするのはおすすめできない。

というのは、カラスはとっても頭《あたま》のいい鳥《とり》なので、**誰《だれ》が自分《じぶん》たちに嫌《いや》がらせをしたかをしっかりと覚《おぼ》えるんだ。**そして、出合《であ》うたびに威嚇《いかく》してくる。そのようすを見《み》たほかのカラスも「あいつは要注意人物《ようちゅういじんぶつ》なんだな」と学習《がくしゅう》して、いっしょになって威嚇《いかく》してくるというからたまらない。服装《ふくそう》や髪型《かみがた》を変《か》えてもだめ。そしてそれが何年《なんねん》もつづく！

カラスはかしこさをいかして強《つよ》くたくましく生《い》きている。頭《あたま》のよさが彼《かれ》らの武器《ぶき》なんだ。

カラスは、食《た》べられるものならなんでも食《た》べる食《く》いしん坊《ぼう》。また、たくさん食《た》べものがあるときにはどこかにためこみ、あとから食《た》べる。鳥《とり》ながら、**計画性《けいかくせい》があるんだ。**

チームを組《く》んで〝狩《か》り〟をすることもある。大勢《おおぜい》でハトを追《お》いかけて、車《くるま》が走《はし》っている道路《どうろ》へ追《お》いこみ、轢《ひ》かれたところをみんなでわけ合《あ》って食《た》べたりする。

本当《ほんとう》に頭《あたま》がよすぎてヤバい鳥《とり》なんだ。

●遊《あそ》びやいたずらが大好《だいす》き！　ヒトとも仲《なか》よくなれる

ある動物《どうぶつ》がどのくらい頭《あたま》がよいかを知《し》る方法《ほうほう》のひとつに、「脳化指数《のうかしすう》」がある。これは、体重《たいじゅう》に対《たい》する脳《のう》の重《おも》さを数字《すうじ》であらわしたものだ。

脳化指数《のうかしすう》がいちばん大《おお》きいのは、僕《ぼく》たちヒトなんだ。僕《ぼく》たちは、体《からだ》の割《わ》りに非常《ひじょう》に重《おも》たい脳《のう》を持《も》っているってことだ。

ヒトの次《つぎ》に大《おお》きいのはイルカで、そのあとにはさまざまな霊長類《れいちょうるい》（サルの仲間《なかま》）がつづく。

そして、鳥《とり》の中《なか》でもっとも脳化指数《のうかしすう》が大《おお》きいのがカラスなんだ。

そんなカラスの頭《あたま》のよさを示《しめ》す行動《こうどう》のひとつが「遊《あそ》び」だ。遊《あそ》びをする動物《どうぶつ》はいろいろいるけれど、カラスは遊《あそ》びのバリエーションがとても豊富《ほうふ》。

たとえば、〝空中《くうちゅう》ウィンドサーフィン〟。カラスたちは、足《あし》でつかんだ板《いた》を器用《きよう》に使《つか》って強《つよ》い風《かぜ》に乗《の》って遊《あそ》ぶ。また、スキーやそり遊《あそ》びさながらに雪《ゆき》の積《つ》もった斜面《しゃめん》ですべったり、棒《ぼう》や小石《こいし》、ボール、新聞紙《しんぶんし》などを使《つか》って遊《あそ》んだりすることもある。

カラスはほかの動物《どうぶつ》にちょっかいを出《だ》すことも好《す》きだ。イヌの尻尾《しっぽ》をひっぱったり、飛《と》んでいるトンビをからかったりする。

シカの耳《みみ》にシカの糞《ふん》をつめるカラスが目撃《もくげき》されたこともあるんだ！

その頭《あたま》のよさから「鳥《とり》の世界《せかい》の霊長《れいちょう》類《るい》」と呼《よ》ばれることもあるカラス。敵《てき》にしたらこわいけど、味方《みかた》にすれば愛情深《あいじょうぶか》く、強《つよ》いきずなで結《むす》ばれる。

動物《どうぶつ》の行動《こうどう》を研究《けんきゅう》してノーベル賞《しょう》を受《じゅ》賞《しょう》したオーストリアのローレンツは、ニシコクマルガラスの群《む》れと暮《く》らし、そのかしこさを学《まな》んで、『ソロモンの指環《ゆびわ》』という本《ほん》を書《か》いた。カラスたちはローレンツのまつげをくちばしで毛《け》づくろいしてくれたんだって。愛《あい》があるね～。

ラーテル

めちゃくちゃ食《く》いしん坊《ぼう》
毒《どく》ヘビも食《た》べる
タフでしつこい哺《ほ》乳《にゅう》類《るい》

強《つよ》くてヤバい

★特徴《とくちょう》など……走《はし》るのは遅《おそ》い
★生息地《せいそくち》……アフリカ、中東《ちゅうとう》、インド
★分類《ぶんるい》……ネコ目《もく》イタチ科《か》

●天敵《てんてき》に出合《であ》っても、逃《に》げも隠《かく》れもしない

哺《ほ》乳類《にゅうるい》の世界《せかい》には、とびっきりのこわいもの知《し》らずがいる。それは、ラーテル。中型犬《ちゅうがたけん》くらいの大《おお》きさで、頭《あたま》から背中《せなか》にかけては銀白色《ぎんはくしょく》、そのほかの部分《ぶぶん》は黒《くろ》っぽい色《いろ》をしている、見《み》た目《め》はなんとなくかわいらしい、イタチの仲間《なかま》だ。

ところがこのかわいらしさとは裏腹《うらはら》に、かなりの向《む》こう見《み》ず。ライオンに出合《であ》っても、逃《に》げも隠《かく》れもせずに、立《た》ち向《む》かう。負《ま》けて殺《ころ》されてしまうこともあるけど、逃《に》げずに闘《たたか》う。ラーテルは長《なが》くて太《ふと》い爪《つめ》を持《も》ち、かむ力《ちから》も半端《はんぱ》ない。ライオンも嫌《いや》になる、タフなヤツなんだ。

ラーテルにかかれば、3メートル以上《いじょう》もある世界最大《せかいさいだい》のヘビや、猛毒《もうどく》を持《も》つヘビも獲物《えもの》に過《す》ぎない。**毒《どく》があっても平気《へいき》で食《た》べちゃうんだ。**

しかもラーテルは、しつこい。粘《ねば》り強《づよ》い性格《せいかく》をしているから、何時間《なんじかん》も格闘《かくとう》しつづけることもある。6時間《じかん》以上《いじょう》も闘《たたか》った末《すえ》に巨大級《きょだいきゅう》ヘビに殺《ころ》されてしまったこともあるらしいけど、それもこわいもの知《し》らずのなせる業《わざ》！

ある意味《いみ》、無敵《むてき》な生《い》きものだよね。

●食《た》べもののためならなんでもする!?

ラーテルは、固定《こてい》した巣《す》を持《も》たず、動《うご》き回《まわ》って暮《く》らしている。四六時中《しろくじちゅう》、地面《じめん》のにおいをかいで、食《た》べられるものがないか探《さが》しているんだ。地中《ちちゅう》になにかいそうなら、爪《つめ》で地面《じめん》をがむしゃらに掘《ほ》って獲物《えもの》を捕《つか》まえる。そうした獲《え》物《もの》には、ネズミの仲間《なかま》、トカゲやヤモリ、シロアリやサソリなどがいる。

地中《ちちゅう》の獲物《えもの》をつかまえるのはラーテルの得意技《とくいわざ》だけど、彼《かれ》らの食欲《しょくよく》はそれだけではおさまらない。とにかく、めちゃくちゃ食《く》いしん坊《ぼう》なので、食《た》べられそうなものはすべて獲物《えもの》になる。鳥《とり》や魚《さかな》もつかまえるし、水中《すいちゅう》でカメを追《お》いかけているのが目撃《もくげき》されたこともあるらしい。自分《じぶん》の体《からだ》より大《おお》きなハイエナの仲間《なかま》やキツネの仲間《なかま》を食《た》べることもある。

狩《か》りの上手《じょうず》なリビアヤマネコやハイエナがつかまえた獲物《えもの》を横《よこ》どりすることもあるんだ。

そんなラーテルの大好物《だいこうぶつ》が「ハチミツ」。ハチの幼虫《ようちゅう》も好《す》きなんだ。

ラーテルが暮《く》らしている地域《ちいき》では、養蜂家《ようほうか》の多《おお》くがラーテルに大事《だいじ》なハチの巣《す》を食《た》べられてくやしい思《おも》いをしているんだって。

ハチミツ好《ず》きのラーテルにはこんな伝説《でんせつ》がある。

「ノドグロミツオシエ」という〝相棒《あいぼう》〟の鳥《とり》がいて、この鳥《とり》がハチの巣《す》の場所《ばしょ》をラーテルに教《おし》えると、ラーテルがハチの巣《す》を壊《こわ》しに行《い》き、両者《りょうしゃ》でハチミツや幼虫《ようちゅう》にありつくというものだ。哺乳類《ほにゅうるい》と鳥《とり》の共生《きょうせい》として、図鑑《ずかん》にも載《の》っているくらい有名《ゆうめい》な話《はなし》なんだけど、実際《じっさい》に見《み》た人《ひと》はいない。

ノドグロミツオシエが人間《にんげん》にハチの巣《す》の場所《ばしょ》を教《おし》えることは多《おお》くの観察例《かんさつれい》がある。そして、ラーテルはハチミツ好《ず》き……。そのあたりの話《はなし》がまざって、こんな伝説《でんせつ》が生《う》まれたのかもしれないね。

バーチエルグンタイアリ

強《つよ》くてヤバい

あなどることなかれ！
大型《おおがた》の哺乳類《ほにゅうるい》も襲《おそ》う
ジャングルの狩人《かりゅうど》

★特徴《とくちょう》など…森《もり》の中《なか》を大群《たいぐん》で移動《いどう》しながら生《い》きる
★生息地《せいそくち》……中央《ちゅうおう》アメリカ、南《みなみ》アメリカの森林《しんりん》
★分類《ぶんるい》………ハチ目《もく》アリ科《か》

●がんがん前《まえ》へ突《つ》き進《すす》み、みつけた獲物《えもの》をかみちぎる

小《ちい》さな生《い》きものでも、大群《たいぐん》になれば、ヤバい強《つよ》さを持《も》つことがある。

アリはそんな生《い》きもののひとつだ。

中南米《ちゅうなんべい》にいる、グンタイアリの一種《いっしゅ》、バーチェルグンタイアリは、なんと**ウシくらい大《おお》きな生《い》きものでも食《た》べてしまう**、強烈《きょうれつ》なアリだ。

このアリたちは、その名《な》のとおり、軍隊《ぐんたい》の行進《こうしん》のように大群《たいぐん》になってジャングルの中《なか》で同《おな》じ方向《ほうこう》めざして一斉《いっせい》に歩《ある》く。歩《ある》きながら、獲物《えもの》を探《さが》しているんだ。

大群《たいぐん》は女王《じょおう》のいる場所《ばしょ》から出発《しゅっぱつ》し、扇形《おうぎがた》になって広《ひろ》がっていく。大群《たいぐん》の幅《はば》は最大《さいだい》で20メートルにおよび、それが200メートルもの長《なが》さにわたってつづくこともあるんだ。

行《ゆ》く手《て》に穴《あな》や小川《おがわ》があっても平気《へいき》。アリ同士《どうし》が脚《あし》をからませてつながって、**アリの橋《はし》をつくって突《つ》き進《すす》むことができるんだ！** 脚《あし》は先《さき》がフックのような形《かたち》になっているので、互《たが》いにしっかりとつながることができるんだって。

大群《たいぐん》の通《とお》り道《みち》に動《うご》くものがいれば、どんなものであれ襲《おそ》いかかるのがこのアリのやり方《かた》。大《おお》きなあごでかみついたり、おしりにある針《はり》で刺《さ》したりする。

目《め》の前《まえ》にウマやウシがいれば襲《おそ》いかかり、寄《よ》ってたかって肉《にく》をかみちぎる。

●幼虫《ようちゅう》が育《そだ》つ時期《じき》には、毎晩《まいばん》、ねぐらを移動《いどう》させる

バーチェルグンタイアリの住《す》まいは、蒸《む》し暑《あつ》いジャングルの中《なか》。決《き》まった巣《す》を持《も》たず、移動《いどう》しながら生《い》きている。ただし、夜《よる》は全員《ぜんいん》が集《あつ》まってアリの巨《きょ》大団子《だいだんご》をつくって休《やす》む。

この巨大団子《きょだいだんご》の中心《ちゅうしん》には、1匹《ぴき》だけひときわ大《おお》きな体《からだ》をした女王《じょおう》がいるんだ。女王《じょおう》は歩《ある》くのが苦手《にがて》なので、まわりのアリたちに運《はこ》んでもらって生《い》きている。女王《じょおう》の仕事《しごと》はただひとつ。卵《たまご》を産《う》むことだ。だいたい3週間《しゅうかん》ごとに卵《たまご》を産《う》む。

卵《たまご》は、しばらくすると孵化《ふか》して幼虫《ようちゅう》になる。幼虫《ようちゅう》が誕生《たんじょう》すると、アリたちは幼虫《ようちゅう》を育《そだ》てるためにいつもよりたくさん獲物《えもの》を探《さが》すようになる。この時期《じき》は、アリの巨大団子《きょだいだんご》も毎晩《まいばん》、移《い》動《どう》するんだ。そうしないと、近《ちか》くの獲物《えもの》はすぐに食《た》べ尽《つ》くしてしまうからね。

幼虫《ようちゅう》がさなぎになると、それほどたくさんエサを探《さが》さなくてもよくなる。すると、アリの巨大団子《きょだいだんご》は同《おな》じ場所《ばしょ》にとどまるようになる。エサ探《さが》しの大群《たいぐん》は、その場所《ばしょ》から毎日《まいにち》、別《べつ》

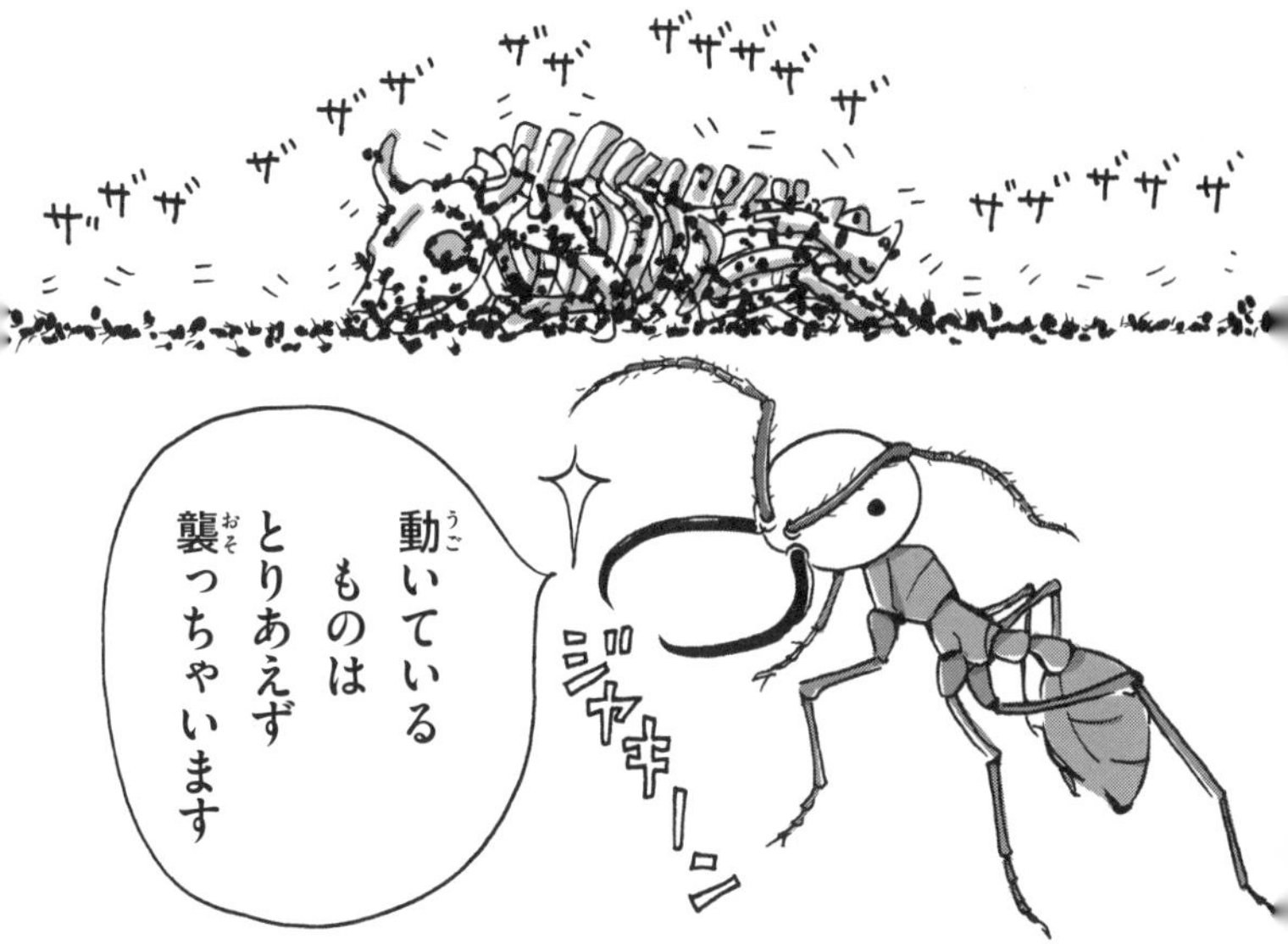

の方向《ほうこう》に向《む》かって歩《ある》き出《だ》すんだ。

グンタイアリの大群《たいぐん》の頭上《ずじょう》では、多《おお》いときには30種類《しゅるい》もの鳥《とり》が見《み》られることがあるんだって。なぜだろう？

じつは、グンタイアリから逃《に》げ回《まわ》る昆《こん》虫《ちゅう》などを食《た》べようとしているんだ！

つまり、グンタイアリから逃《に》げられたとしても鳥《とり》に食《た》べられちゃう！　絶体絶《ぜったいぜつ》命《めい》……なんだけど、ひとつだけ抜《ぬ》け道《みち》がある。それは、じーーっとしていること。グンタイアリは目《め》が見《み》えなくて、動《うご》くものに反応《はんのう》するから、じっとしていればみつからないんだ！

地味《じみ》だけど、いい戦略《せんりゃく》だろ！

強《つよ》くてヤバい

マッコウクジラ

海《うみ》の中《なか》で最強《さいきょう》!?
世界《せかい》最大級《さいだいきゅう》の
イカを襲《おそ》って食《た》べる

★特徴《とくちょう》など……体《からだ》の3分《ぶん》の1を占《し》める大《おお》きな頭《あたま》
★生息地《せいそくち》……世界中《せかいじゅう》の海《うみ》
★分類《ぶんるい》……クジラウシ目《もく》マッコウクジラ科《か》

●歯《は》を持《も》つ動物《どうぶつ》では、世界最大《せかいさいだい》！

海《うみ》の中《なか》で、もっとも強《つよ》いのはどの生《い》きものだろう？

どの生《い》きものが強《つよ》いか弱《よわ》いかを正確《せいかく》に知《し》るのはじつはなかなか難《むずか》しい。

闘《たたか》わせてみるのがいちばんだけど、現実的《げんじつてき》じゃないよね。

強《つよ》さを知《し》る手《て》がかりになるものさしのひとつが「大《おお》きさ」だ。

大《おお》きな生《い》きものはそれだけで強《つよ》い。体当《たいあ》たりをすれば小《ちい》さな生《い》きものはひとたまりもないし、ほかの生物《せいぶつ》の獲物《えもの》にもなりにくいからね。

大《おお》きさでいえば、断然《だんぜん》、「シロナガスクジラ」だ。世界最大《せかいさいだい》の動物《どうぶつ》で、体長《たいちょう》が30メートル以上《いじょう》になることもある。ただしシロナガスクジラはエサをとる歯《は》がなくて、そのかわりに、ひげというか、髪《かみ》をとく櫛《くし》のようなつくりで海水中《かいすいちゅう》の小《ちい》さな生《い》きものをこしとって食《た》べている。ちょっと優《やさ》しそうな印象《いんしょう》だよね。

その点《てん》、大《おお》きい上《うえ》に強《つよ》そうなのは、「マッコウクジラ」だ。

マッコウクジラは歯《は》を持《も》つ動物《どうぶつ》の中《なか》では世界最大《せかいさいだい》で、体長《たいちょう》は20メートルほど、バス2台《だい》分《ぶん》くらいの大《おお》きさだ。そのため、**「世界最大《せかいさいだい》の肉食動物《にくしょくどうぶつ》」**ともいわれている。

●深海《しんかい》へもぐって、巨大《きょだい》なイカを襲《おそ》って食《た》べる

マッコウクジラは、とんでもなく大《おお》きな頭《あたま》をしている。

おどろくことに体《からだ》の3分《ぶん》の1くらいが頭《あたま》なんだ。

そしてその巨大《きょだい》な頭《あたま》の下側《したがわ》に、不釣《ふつ》り合《あ》いなくらい細長《ほそなが》ーーい下《した》あごがついている。

この下《した》あごに、18対《つい》から28対《つい》の歯《は》があるんだ。上《うわ》あごには歯《は》がないことがほとんどで、そのかわりに穴《あな》があいている。この穴《あな》に下《した》あごの歯《は》が収《おさ》まるようにできてるんだ。

歯《は》の大《おお》きさは、大《おお》きなものだと長《なが》さ24センチメートルくらいで、先《さき》がとがった円錐形《えんすいけい》だ。

ただし、思春期《ししゅんき》になるころまで歯《は》が生《は》えないマッコウクジラもいるから、歯《は》がなくても獲《え》物《もの》をつかまえられるのかも、と考《かんが》える研究者《けんきゅうしゃ》もいる。

マッコウクジラは「深海生物《しんかいせいぶつ》」でもある。

2時間《じかん》ほど息《いき》を止《と》められて、水深《すいしん》1000メートルくらいまでもぐることが確認《かくにん》されているんだ。水深《すいしん》3000メートルよりも深《ふか》いところにすむ魚《さかな》を食《た》べていたことがあるので、そのくらいまではもぐれるのではないかとも推測《すいそく》されている。

そんな深海《しんかい》には、マッコウクジラの大好物《だいこうぶつ》がいる。

それは、**ダイオウイカだ！** 全身《ぜんしん》の長《なが》さが最大《さいだい》で18メートルもある巨大《きょだい》イカで、無脊椎動物《むせきついどうぶつ》の中《なか》では世界最大級《せかいさいだいきゅう》。眼球《がんきゅう》は直径《ちょっけい》30センチメートルもあって、生物界《せいぶつかい》ナンバーワンを争《あらそ》えるくらい巨大《きょだい》なんだ。

マッコウクジラが大《おお》きな体《からだ》を維持《いじ》するためには、同《おな》じくらい大《おお》きなイカがエサとしてはぴったりなのかもしれない。

暗《くら》い深海《しんかい》でダイオウイカを襲《おそ》う巨大《きょだい》なマッコウクジラ……。もしも見《み》ることができたとしても、そのド迫力《はくりょく》で気絶《きぜつ》しちゃいそうだよ。

カバ

強《つよ》くてヤバい

水《みず》に浮《う》いてるだけじゃない！
3トンの巨体《きょたい》で爆走《ばくそう》する
ライオンよりも危険《きけん》なヤツ

★特徴《とくちょう》など……水中《すいちゅう》に長《なが》くいられる体《からだ》のつくり。主食《しゅしょく》は草《くさ》
★生息地《せいそくち》……アフリカ
★分類《ぶんるい》………クジラウシ目《もく》カバ科《か》

●動物園《どうぶつえん》のカバはおとなしいけど、野生《やせい》では凶暴《きょうぼう》

でっかい頭《あたま》に胴長短足《どうながたんそく》。さらにつぶらな瞳《ひとみ》がかわいらしいカバ。動物園《どうぶつえん》に行《い》くと、のんびりと水《みず》につかる姿《すがた》が見《み》られるよね。カバは、日中《にっちゅう》は水《みず》の中《なか》で過《す》ごして、夜《よる》になると草《くさ》を食《た》べに陸《りく》に上《あ》がる習性《しゅうせい》があるんだ。

動物園《どうぶつえん》の中《なか》にはカバの歯磨《はみが》きを見《み》せてくれるところもあって、特大《とくだい》の歯《は》ブラシで大《おお》きな歯《は》を磨《みが》く。口《くち》が150度《ど》も開《ひら》くので磨《みが》きやすさはバツグンだ。

また、商品《しょうひん》のキャラクターとして使《つか》われたりもしていて、僕《ぼく》たち日本人《にほんじん》にとって、カバはどちらかというと親《した》しみやすい動物《どうぶつ》だ。

ところが、じつはカバはそんなにのんきな生《い》きものではない。

アフリカの川《かわ》や湖《みずうみ》で暮《く》らす野生《やせい》のカバは、かなり気性《きしょう》が荒《あら》い。カバ同士《どうし》のけんかや、ワニとの闘《たたか》いはよくあることなんだ。

そしてなにより、カバは**アフリカでもっとも危険《きけん》な動物《どうぶつ》**として知《し》られている。

なんと年間《ねんかん》に数百人《すうひゃくにん》もがカバに殺《ころ》されているといううわさもあるくらいなんだ！

●人《ひと》より速《はや》く走《はし》る！　襲《おそ》われたら絶体絶命《ぜったいぜつめい》

　カバのオスは、なわばりを持《も》っている。

自分《じぶん》のなわばりにほかのカバや動物《どうぶつ》が入《はい》ってきたら、下《した》あごにある太《ふと》くて長《なが》い牙《きば》を使《つか》って闘《たたか》うんだ。がばーっと口《くち》を大《おお》きく開《ひら》くのは、「この牙《きば》でかみ殺《ころ》してやるぞー」という威《い》嚇《かく》なんだ。

　一方《いっぽう》、メスは、水中《すいちゅう》で子《こ》どもを産《う》んで、およそ5年間《ねんかん》いっしょに過《す》ごす。お母《かあ》さんカバは、自分《じぶん》の子《こ》どもを死《し》にものぐるいで守《まも》り抜《ぬ》く。近寄《ちかよ》ってくるものと容赦《ようしゃ》なく闘《たたか》うんだ。

　こんな性格《せいかく》なので、アフリカで暮《く》らす人々《ひとびと》はしばしばその攻撃《こうげき》の的《まと》になってしまう。

　とくに、川《かわ》や湖《みずうみ》で漁《りょう》をしている人《ひと》や水辺《みずべ》で洗濯《せんたく》や沐浴《もくよく》をしている人《ひと》は被害《ひがい》にあいやすい。

　カバたちは突然《とつぜん》、襲《おそ》ってくるらしい。そして、逃《に》げられない。というのも、あの体格《たいかく》でありながら、じつに動《うご》きがすばやい。

　陸上《りくじょう》では時速《じそく》40キロメートル以上《いじょう》で走《はし》ることができる。なんと、ウサイン・ボルト選手《せんしゅ》より速《はや》いんだ！

　つまり、どんな人《ひと》でもカバから走《はし》って逃《に》げることは不可能《ふかのう》というわけ！

さらに、カバはさまざまな手段《しゅだん》で攻撃《こうげき》をしてくる。
まずは、体当《たいあ》たり。3トンもある体《からだ》で激突《げきとつ》されるのだから、それだけで命《いのち》を落《お》としかねない。そして、牙《きば》でかみつく。かみついて、空中《くうちゅう》に放《ほう》り投《な》げて、また口《くち》でキャッチすることもあるらしい。水中《すいちゅう》に引《ひ》きずりこまれることもある。カバは5分以上水中《ふんいじょうすいちゅう》にいられるらしいけど、僕《ぼく》たちはとうてい無理《むり》だよね。
というわけで、カバに襲《おそ》われたら絶体《ぜったい》絶命《ぜつめい》。アフリカ旅行《りょこう》へ出《で》かけたら、くれぐれも気《き》をつけて！

コラム

歴史上《れきしじょう》もっともヤバい細菌《さいきん》!? ペスト菌《きん》

これまでに人類《じんるい》を何度《なんど》も恐怖《きょうふ》のどん底《ぞこ》へ落《お》とした、超《ちょう》おそろしい病気《びょうき》がある。「ペスト」という病気《びょうき》だ。聞《き》いたことはあるかな？「黒死病《こくしびょう》」とも呼《よ》ばれている。

ペストにかかると、多《おお》くの人《ひと》が死《し》んでしまう。それも1週間《しゅうかん》くらいで亡《な》くなってしまうんだ。中《なか》には、体《からだ》のあちこちで出血《しゅっけつ》がおきて、それが黒《くろ》いあざになり、亡《な》くなるころには全身《ぜんしん》の皮膚《ひふ》が黒《くろ》くになってしまう人《ひと》もいる。これが、黒死病《こくしびょう》という名《な》の由来《ゆらい》だ。

ペストは、世界的《せかいてき》な規模《きぼ》で広《ひろ》がる。いちばんひどかったのは14世紀《せいき》だ。このとき、なんと**世界《せかい》で5人《にん》に1人《ひとり》が亡《な》くなった**といわれているんだ！　とくにヨーロッパは被害《ひがい》が大《おお》きく、人口《じんこう》が半分《はんぶん》ほどになってしまったらしい。次《つぎ》は自分《じぶん》かもしれない……と思《おも》ったら、毎日《まいにち》が恐怖《きょうふ》でしかない。なんともおそろしい病気《びょうき》なんだ。

このペストは、「ペスト菌《きん》」という細菌《さいきん》によって引《ひ》きおこされる。ペスト菌《きん》が体《からだ》に入《はい》ると、全身《ぜんしん》で増《ふ》えに増《ふ》え、毒素《どくそ》を出《だ》して人間《にんげん》を死《し》に至《いた》らしめる。肺《はい》にペスト菌《きん》が入《はい》りこんだ場合《ばあい》は、咳《せき》だけで感染《かんせん》が広《ひろ》まるからさらに悲惨《ひさん》だ。

ペスト菌《きん》は、ふだんはノミの体内《たいない》にいる。ノミのごはんは動物《どうぶつ》の血《ち》なので、ノミは吸血《きゅうけつ》するために人《ひと》を刺《さ》すことがある。このとき、ペスト菌《きん》が人体《じんたい》に入《はい》りこむんだ。

ノミはネズミの血《ち》も吸《す》うので、ネズミの体《からだ》にくっついていることが多《おお》い。つまりペスト菌《きん》とノミとネズミは、いっしょになって暮《く》らしているってことなんだ。

僕《ぼく》がとくに恐怖《きょうふ》を感《かん》じるのは、ペスト菌《きん》とノミの関係《かんけい》だ。

ペスト菌《きん》を含《ふく》んだ血液《けつえき》をノミが吸《す》うと、ペスト菌《きん》がつくり出《だ》した酵素《こうそ》によって、ノミの胃《い》の入《い》り口《ぐち》で血《ち》がかたまるらしい。そしてその血《ち》のかたまりの中《なか》でペスト菌《きん》が増《ふ》えるんだ。

おそろしいのは、この血《ち》のかたまりがあると、ノミの胃《い》には食《た》べものが入《はい》らなくなってしまうこと。つまり、ノミがいくら血《ち》を吸《す》ってもおなかがへったままなんだ。

おなかがへったノミは、やたらめったら吸血《きゅうけつ》する。そしてそれは、ペスト菌《きん》がどんどん広《ひろ》まることを意味《いみ》するというわけなんだ。

まるで、**ノミがペスト菌《きん》に操《あやつ》られている**ようなものだ！

ペスト菌《きん》を殺《ころ》すことのできる物質《ぶっしつ》（抗生物質《こうせいぶっしつ》）が使《つか》われ始《はじ》めたのは1940年代《ねんだい》。現在《げんざい》でもペストにかかる人《ひと》はいるけど、この物質《ぶっしつ》のおかげで世界的《せかいてき》に感染《かんせん》が広《ひろ》がることはないんだ。

5章《しょう》

とにかくヤバい

なぜそんなことを!? 毎年《まいとし》、春《はる》になると角《つの》を新調《しんちょう》しちゃう動物《どうぶつ》

とにかくヤバい

★特徴《とくちょう》など…トナカイだけはメスも角《つの》を持《も》つ
★生息地《せいそくち》……ほぼ世界中《せかいじゅう》
★分類《ぶんるい》………クジラウシ目《もく》シカ科《か》

シカ

●動物界《どうぶつかい》で唯一《ゆいいつ》、角《つの》を惜《お》しみなく捨《す》てる！

世界《せかい》には51種類《しゅるい》のシカの仲間《なかま》がいる。

そのほとんどのオスが枝《えだ》わかれした立派《りっぱ》な角《つの》を持《も》つ。

じつはこの角《つの》、**毎年《まいとし》生《は》えかわる**って知《し》ってた？

一生《いっしょう》の間《あいだ》、同《おな》じ角《つの》が頭《あたま》に乗《の》っかっているわけではないんだ！

せっかく伸《の》びた角《つの》をなぜ毎年《まいとし》落《お》としてしまうのか、その理由《りゆう》はわかっていない。

角《つの》をかたくするために、角《つの》には骨《ほね》と同《おな》じようにカルシウムがたくさん含《ふく》まれている。それをごっそり捨《す》ててしまうんだから、本当《ほんとう》にもったいないよね！

シカのように毎年《まいとし》角《つの》が生《は》えかわる動物《どうぶつ》はほかにはいない。

角《つの》を持《も》つ動物《どうぶつ》といえばサイがいるけれど、サイの角《つの》は毛《け》や爪《つめ》と同《おな》じ「ケラチン質《しつ》」でできていて、生《は》えかわりはしない。ただし毛《け》や爪《つめ》と同《おな》じなので、切《き》ってもまた生《は》えてくる。

ウシの角《つの》は頭蓋骨《ずがいこつ》の一部《いちぶ》が伸《の》びたもので、生《は》えかわることはなく、一生《いっしょう》伸《の》びつづける。

ひと口《くち》に「角《つの》」といっても、いろんな角《つの》があるんだね。

●カルシウムが不足《ふそく》すると、角《つの》が細《ほそ》くなる

シカの角《つの》は、毎年徐々《まいとしじょじょ》に大《おお》きくなり、枝《えだ》わかれの数《かず》も増《ふ》えていく。生《う》まれた年《とし》には角《つの》はなくて、1歳《さい》になると枝《えだ》わかれしていない1本《ぽん》の角《つの》が生《は》える。2歳《さい》になると、1回枝《かいえだ》わかれした角《つの》が生《は》え、3歳《さい》ではさらにもう1回枝《かいえだ》わかれする。4歳《さい》になると3回枝《かいえだ》わかれした角《つの》になり、これ以降《いこう》は枝《えだ》わかれの数《かず》は増《ふ》えないんだ。

では、どんな風《ふう》に生《は》えかわるのか紹介《しょうかい》しよう。

シカの角《つの》は、春《はる》になると生《は》え始《はじ》める。最初《さいしょ》は柔《やわ》らかくて、先《さき》が丸《まる》く、短《みじか》い毛《け》で覆《おお》われている。このころの角《つの》を「袋角《ふくろづの》」と呼《よ》ぶんだ。袋角《ふくろづの》の内部《ないぶ》には血管《けっかん》が通《とお》っているから、さわると温《あたた》かいんだって。さわってみたいよね。

角《つの》の成長《せいちょう》がもっとも盛《さか》んなのは夏《なつ》ごろだ。血液中《けつえきちゅう》のカルシウムが角《つの》に少《すこ》しずつたまっていくことで、角《つの》はだんだんかたくなっていく。このカルシウムの多《おお》くは、シカの体《からだ》の骨《ほね》にためられていたもので、角《つの》が成長《せいちょう》する時期《じき》になると骨《ほね》から溶《と》け出《だ》すんだ。

このほかに、シカたちが食《た》べるものにもカルシウムが含《ふく》まれている。草《くさ》などにも少《すこ》しだけどカルシウムが含《ふく》まれているし、塩《しお》っぽい土《つち》をなめてカルシウムを補給《ほきゅう》することもある

んだ。この時期《じき》にカルシウムの少《すく》ない食《しょく》事《じ》をしていると、角《つの》が細《ほそ》くなってしまうんだって。

秋《あき》ごろになると、角《つの》の表面《ひょうめん》の毛《け》がなくなり、かたさも増《ま》してくる。この時期《じき》はシカにとっては恋《こい》の季節《きせつ》だ。オスは角《つの》と角《つの》を突《つ》き合《あ》わせ、押《お》し合《あ》って力《ちから》くらべをする。そしてメスをとり合《あ》うんだ。

春《はる》が近《ちか》づくと、角《つの》は根元《ねもと》からはずれ、ぽろりと落下《らっか》する。

毎年《まいとし》これだけ体《からだ》のつくりを変化《へんか》させる哺乳類《ほにゅうるい》は、世界中《せかいじゅう》探《さが》してもいないんじゃないかなあ。

不思議《ふしぎ》な動物《どうぶつ》だね。

目的《もくてき》に合《あ》わせて
いろんな道具《どうぐ》を
自分《じぶん》でつくる

とにかくヤバい

★特徴《とくちょう》など……毎日《まいにち》、木《き》の上《うえ》に新《あたら》しいベッドをつくって眠《ねむ》る
★生息地《せいそくち》……西《にし》アフリカから中央《ちゅうおう》アフリカ
★分類《ぶんるい》……サル目《もく》ヒト科《か》

チンパンジー

●ヒト以外《いがい》で最初《さいしょ》にみつかった、道具《どうぐ》を使《つか》う生《い》きもの

今《いま》から100年前《ねんまえ》には、ヒトだけが道具《どうぐ》を使《つか》うと考《かんが》えられていたんだ。その常識《じょうしき》を打《う》ち破《やぶ》ったのが、そう、チンパンジーだ。

チンパンジーが**植物《しょくぶつ》の茎《くき》を使《つか》ってアリを釣《つ》り上《あ》げる**ことが発見《はっけん》されたことで、人間《にんげん》のほかにも道具《どうぐ》を使《つか》う生《い》きものがいることがわかったんだ！

ところが、その後《ご》、道具《どうぐ》を使《つか》う生《い》きものはほかにもいっぱいいることがわかった。

たとえば、ラッコは石《いし》を使《つか》って貝《かい》を割《わ》るし、イルカは「海綿《かいめん》」というスポンジみたいな生《い》きものをくちばしにつけて皮膚《ひふ》を守《まも》る。液体《えきたい》を運《はこ》ぶのに泥《どろ》や葉《は》っぱを使《つか》うアリもいる。

また、カラスの仲間《なかま》は、とくに道具《どうぐ》を使《つか》うのがうまい。

ということは、チンパンジーが特別《とくべつ》すごいわけではないのかな、と思《おも》うかもしれないけど、もう一歩踏《いっぽふ》みこむと、やっぱりチンパンジーはすごいってことがわかる。

それは、チンパンジーが「道具《どうぐ》をつくる」からなんだ。

ラッコもイルカも道具《どうぐ》を使《つか》うけれど、その道具《どうぐ》を自分《じぶん》でつくり出《だ》すわけではない。

チンパンジーは、**道具《どうぐ》を自分《じぶん》たちでつくる**。その点《てん》がラッコやイルカとはちがうすごさ

なんだ。

●道具《どうぐ》をつくり、さまざまな目的《もくてき》で使《つか》う

チンパンジーが道具《どうぐ》の素材《そざい》にするのは、身《み》のまわりにある枝《えだ》や葉《は》っぱ、石《いし》など。アリを釣《つ》り上《あ》げたり、ハチミツをとったりするときには、まっすぐな長《なが》い枝《えだ》を使《つか》う。タネの中《なか》にある実《み》をほじり出《だ》すときには短《みじか》くて細《ほそ》い枝《えだ》を使《つか》う。目的《もくてき》に合《あ》わせて、枝《えだ》の長《なが》さや細《ほそ》さを調節《ちょうせつ》して、ちょうどよい道具《どうぐ》をつくることができる。

アフリカのある地域《ちいき》のチンパンジーたちは19の道具《どうぐ》を使《つか》い、そのうち6つは自分《じぶん》でつくっていたんだって。

道具《どうぐ》をつくることで注目《ちゅうもく》を集《あつ》める動物《どうぶつ》がチンパンジーのほかにもうひとついる。それは、ニューカレドニアガラス。ニューカレドニア島《とう》で暮《く》らすカラスの仲間《なかま》だ。このカラスは、枝《えだ》を使《つか》って幼虫《ようちゅう》を釣《つ》り上《あ》げたり、隠《かく》れているトカゲを追《お》い出《だ》したりする。

そして、エサをとるのに使《つか》う道具《どうぐ》をくちばしや足《あし》を使《つか》って器用《きよう》につくる。「エサをとるために、いろいろな道具《どうぐ》をつくる」という点《てん》においては、チンパンジーに匹敵《ひってき》するともいわ

れているんだ。

だけど、そんなニューカレドニアガラスでもやはりチンパンジーにはかなわない。なぜならチンパンジーは、**エサをとるとき以外《いがい》にも道具《どうぐ》を使《つか》うから。**

たとえば、葉《は》っぱをティッシュのようにして汚《よご》れをふく。異性《いせい》の気《き》をひくために、音《おと》を立《た》てて葉《は》っぱをくり返《かえ》しちぎる。かゆいけど手《て》が届《とど》かないところを枝《えだ》で掻《か》く。

道具《どうぐ》をつくるうえに、さまざまな目的《もくてき》のためにいろんな道具《どうぐ》を使《つか》うチンパンジーは特別《とくべつ》な存在《そんざい》なんだ。

邪魔《じゃま》なひれはしまいます！
とにかく速《はや》く泳《およ》ぐために
進化《しんか》した最速《さいそく》の魚《さかな》

とにかくヤバい

★特徴《とくちょう》など……えらに水《みず》を送《おく》るために、一生《いっしょう》、泳《およ》ぎつづける
★生息地《せいそくち》……太平洋《たいへいよう》
★分類《ぶんるい》……スズキ目《もく》サバ科《か》

クロマグロ

●三日月《みかづき》の形《かたち》をした尾《お》びれは、速《はや》く泳《およ》ぐためにある

寿司《すし》ネタの中《なか》でマグロがいちばん好《す》き、という人《ひと》はけっこういる。キミはどうかな？マグロの仲間《なかま》は全部《ぜんぶ》で8種類《しゅるい》。中《なか》でも日本《にほん》で「ホンマグロ」とも呼《よ》ばれる「クロマグロ」は、マグロの中《なか》で最大級《さいだいきゅう》。もっとも大《おお》きな個体《こたい》で、体長《たいちょう》は3メートル、体重《たいじゅう》は500キログラムくらいになるんだ。

クロマグロは、じつに格好《かっこう》いい魚《さかな》だ。

頭《あたま》と尾《お》はぎゅっと細《ほそ》くて、胴体《どうたい》はどっしりと太《ふと》い。背側《せがわ》の色《いろ》は濃紺《のうこん》で、おなか側《がわ》は銀白色《ぎんはくしょく》。水中《すいちゅう》では背中《せなか》に鮮《あざ》やかなブルーのラインも見《み》えて、美《うつく》しいんだ。

クロマグロの尾《お》びれは、体《からだ》の横方向《よこほうこう》から見《み》ると三日月《みかづき》の形《かたち》をしている。この形《かたち》だと、尾《お》びれを振《ふ》るときに水《みず》の抵抗《ていこう》が少《すく》なくなるので、ぐんぐん泳《およ》ぐことができるんだ。

また、クロマグロは第一背《だいいちせ》びれと胸《むな》びれ、腹《はら》びれを、体《からだ》の表面《ひょうめん》にあるくぼみに収納《しゅうのう》することができる。そうすることで、水《みず》の抵抗《ていこう》を減《へ》らして、より速《はや》く泳《およ》ぐことができるんだ。

こうした特徴《とくちょう》は、とにかく速《はや》く泳《およ》ぐために進化《しんか》したものだ。クロマグロは、ほかのマグロ類《るい》やホホジロザメと並《なら》んで、**世界一速《せかいいちはや》く泳《およ》ぐことのできる魚《さかな》**のひとつなんだ。

●クロマグロが世界最速《せかいさいそく》で泳《およ》げる理由《りゆう》とは？

今《いま》でも多《おお》くの本《ほん》には、クロマグロが泳《およ》ぐスピードは「時速《じそく》70キロメートル以上《いじょう》」とか「時速《じそく》80キロメートル」などと書《か》いてある。高速道路《こうそくどうろ》を走《はし》る自動車並《じどうしゃな》みの速度《そくど》だ。

でも、クロマグロがいつもこんな高速《こうそく》で泳《およ》いでいないことが最近《さいきん》わかってきている。

以前《いぜん》は、海《うみ》の中《なか》を泳《およ》ぐ生《い》きものの速度《そくど》を正確《せいかく》に知《し》ることはとても難《むずか》しいことだった。

そこで、マグロの場合《ばあい》なら、釣《つ》り竿《ざお》でマグロを釣《つ》って、釣《つ》り糸《いと》が繰《く》り出《だ》される速度《そくど》を調《しら》べたんだって！ そのときの最高速度《さいこうそくど》が、自動車並《じどうしゃな》みのスピードだったんだ。

近年《きんねん》になって、生《い》きものに記録装置《きろくそうち》をとりつけて、その装置《そうち》の動《うご》く速度《そくど》を正確《せいかく》に記録《きろく》することができるようになった。「バイオロギング」（84ページで紹介《しょうかい》）と呼《よ》ばれる手法《しゅほう》だ。

この手法《しゅほう》で調《しら》べると、いつもクロマグロが泳《およ》いでいる速度《そくど》は「時速《じそく》7～8キロメートル」。だいたい僕《ぼく》たちがジョギングするくらいの速《はや》さだ。

がっかりしたかな？ でも、これでも海《うみ》の中《なか》の生《い》きものとして最速《さいそく》の数値《すうち》なんだ！

水《みず》の中《なか》は、空気《くうき》の中《なか》とくらべると、抵抗《ていこう》が大《おお》きくてとっても動《うご》きにくい。そんな水《みず》の中《なか》でこれだけのスピードを出《だ》せる魚《さかな》は非常《ひじょう》に少《すく》ない。

では、なぜ水中《すいちゅう》で速《はや》く泳《およ》げるのか？

マグロの体温《たいおん》に秘密《ひみつ》があるんだ。

普通《ふつう》、魚《さかな》の体温《たいおん》は海水《かいすい》の温度《おんど》と同《おな》じなんだ。だけど、マグロの場合《ばあい》は5〜10℃《ど》も海水《かいすい》より体温《たいおん》が高《たか》い！ そのため、食《た》べたものをどんどんエネルギーに変《か》えて、筋肉《きんにく》を最大限《さいだいげん》に使《つか》い、速《はや》く泳《およ》ぎつづけることができるんだ。

クロマグロは、広《ひろ》い太平洋《たいへいよう》を横断《おうだん》していることもわかっている。日本《にほん》とアメリカ間《かん》、およそ8000キロメートルを行《い》ったり来《き》たりしている。これは高速《こうそく》で泳《およ》げるマグロならではのすご技《わざ》なんだ。

漁《りょう》にも使《つか》われていた！
ウシやウマも気《き》絶《ぜつ》させる
〝ジャンプ電《でん》撃《げき》〟

とにかくヤバい

★特《とく》徴《ちょう》など……オスは泡《あわ》の巣《す》をつくって卵《たまご》を守《まも》る
★生《せい》息《そく》地《ち》……南《みなみ》アメリカ北《ほく》部《ぶ》
★分《ぶん》類《るい》……デンキウナギ目《もく》ギュムノートゥス科《か》

デンキウナギ

●視界《しかい》のきかない川《かわ》の中《なか》で獲物《えもの》をつかまえる

南《みなみ》アメリカを流《なが》れる濁《にご》った川《かわ》には、最大《さいだい》2・5メートルにもなる巨大《きょだい》な「デンキウナギ」が暮《く》らしている。大《おお》きなものでは、人間《にんげん》の大人《おとな》のふとももくらいの太《ふと》さになる。

濁《にご》った川《かわ》で暮《く》らしている上《うえ》に、この魚《さかな》は夜《よる》に活動《かつどう》する。

つまり、ほぼなにも見《み》えないところで魚《さかな》などの獲物《えもの》をつかまえなければならないんだ。

ではどうするかというと、その名前《なまえ》にあるとおり、**強力《きょうりょく》な電気《でんき》**を使《つか》うんだ！

2014年《ねん》の研究《けんきゅう》によれば、デンキウナギはまず離《はな》れたところにいる魚《さかな》に対《たい》して**電撃《でんげき》をくらわせて、魚《さかな》の動《うご》きを封《ふう》じる**。魚《さかな》は、金縛《かなしば》りにあったように身動《みうご》きができなくなるんだ。

そしてそのあとにさっと近《ちか》づいて、食《た》べちゃうんだって。

デンキウナギは、最大《さいだい》で600ボルトの電圧《でんあつ》をつくり出《だ》すことができる。このとき、ウシやウマ、ワニでも気絶《きぜつ》させられるくらい強《つよ》い電流《でんりゅう》が発生《はっせい》するんだ。

デンキウナギは、獲物《えもの》を探《さが》し回《まわ》るときにもレーダーのようにして弱《よわ》い電気《でんき》を使《つか》っている。

また、獲物《えもの》がみつかっていなくても、とりあえずバリッと電撃《でんげき》を放《はな》つことがある。隠《かく》れていた魚《さかな》などはこの電撃《でんげき》で〝金縛《かなしば》り〟状態《じょうたい》になるので、それをみつけて食《た》べるんだ。

●200年前《ねんまえ》に目撃《もくげき》された幻《まぼろし》の漁《りょう》は、本当《ほんとう》にあった?

強力《きょうりょく》な電撃《でんげき》がヤバいといっても、川《かわ》で泳《およ》いだりしなければだいじょうぶでしょ? と思《おも》ったそこのキミ。甘《あま》い!

じつは、2016年《ねん》にわかったことなんだけど、デンキウナギは**水面《すいめん》から飛《と》び出《だ》して攻《こう》撃《げき》するんだ。**そして、水面《すいめん》から飛《と》び出《だ》した方《ほう》が、より強力《きょうりょく》な電撃《でんげき》をお見舞《みま》いできるらしい。

たとえば、手首《てくび》から先《さき》だけが川《かわ》に入《はい》っているときに、水中《すいちゅう》にいるデンキウナギに電撃《でんげき》をくらったとしたら、ビリビリするのは手先《てさき》の部分《ぶぶん》だけなんだ。

痛《いた》いだろうけど、痛《いた》いのはそこだけ。

一方《いっぽう》、同《おな》じように手先《てさき》だけ川《かわ》に入《はい》っているときに、デンキウナギが飛《と》び出《だ》してキミの肩《かた》に電撃《でんげき》をくらわせたとする。その場合《ばあい》は、肩《かた》から手先《てさき》までがビリビリ! となってしまう。この方《ほう》が相手《あいて》により大《おお》きなダメージを与《あた》えることができるんだ。

デンキウナギは、この〝ジャンプ電撃《でんげき》〟で自分《じぶん》を食《た》べようとするワニなどの大型《おおがた》の動物《どうぶつ》を撃退《げきたい》していると考《かんが》えられている。

デンキウナギのジャンプ電撃《でんげき》は、じつは200年《ねん》ほど前《まえ》に一度《ど》、南《みなみ》アフリカの漁《りょう》で目撃《もくげき》

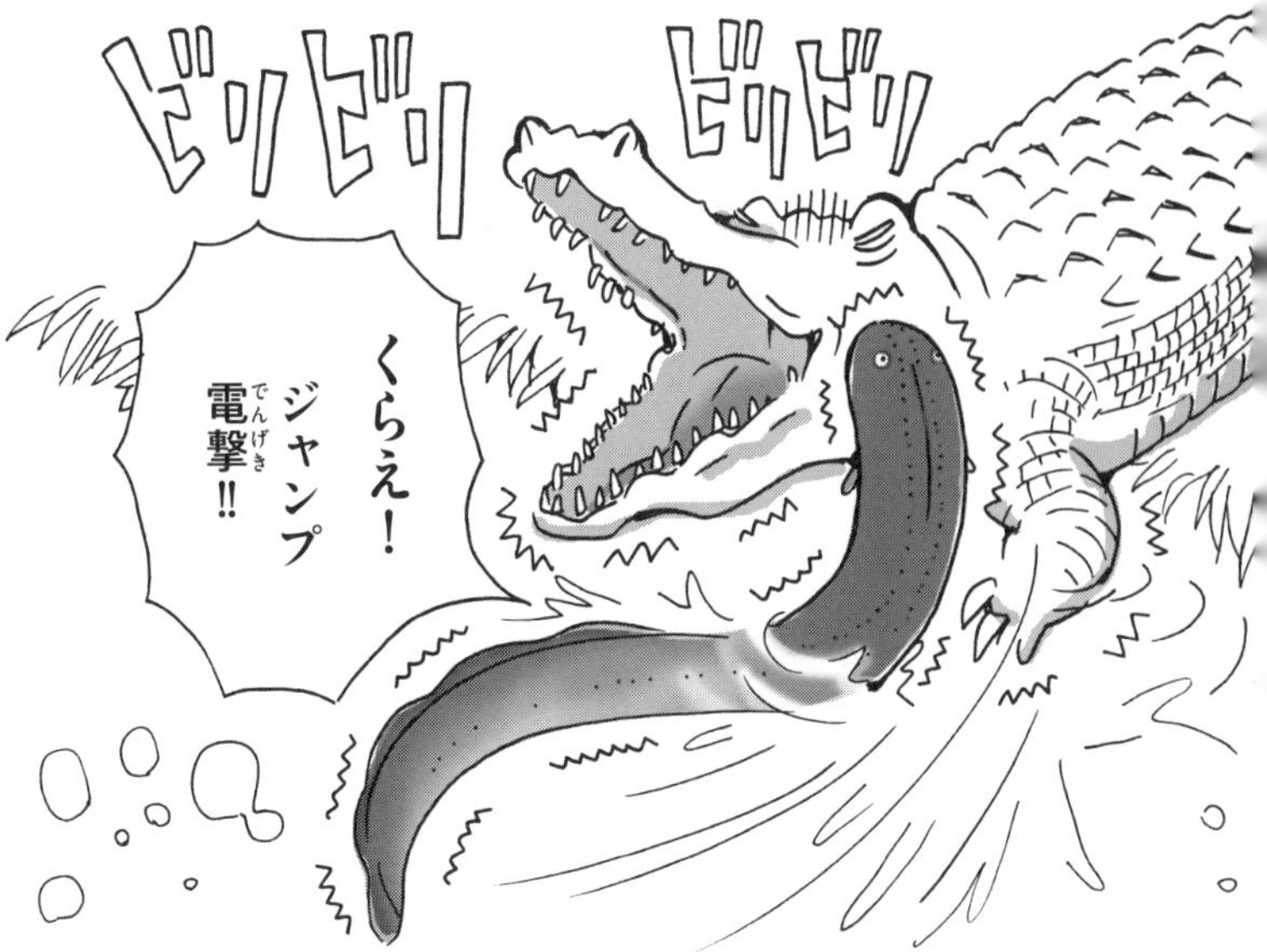

されている。それはちょっと変《か》わった漁《りょう》のやり方《かた》で、わざとウマをデンキウナギのいる水《みず》たまりに入《い》れてジャンプ電撃《でんげき》をさせるんだ。そして、疲《つか》れたデンキウナギをつかまえるというもの。

でもその後《ご》、誰《だれ》も見《み》た人《ひと》がいなかったので、このデンキウナギ漁《りょう》は幻《まぼろし》となっていた。そして今回《こんかい》の発見《はっけん》によって実際《じっさい》にあったことだと考《かんが》えられるようになったんだ。

ウマにとっては、迷惑《めいわく》な漁《りょう》だよね！

人間《にんげん》が行《い》くことも難《むずか》しい
はげしい気温差《きおんさ》の中《なか》で
協力《きょうりょく》して生《い》きる

とにかくヤバい

★特徴《とくちょう》など……身長《しんちょう》は100~130センチメートルで、ペンギン最大《さいだい》
★生息地《せいそくち》……南極周辺《なんきょくしゅうへん》
★分類《ぶんるい》……ペンギン目《もく》ペンギン科《か》

コウテイペンギン

●産《う》んですぐの2か月間《げつかん》、母《はは》と卵《たまご》は離《はな》ればなれになる

コウテイペンギンの子育《こそだ》ては、「世界一《せかいいち》、過酷《かこく》」といわれる。

地球《ちきゅう》でもっとも寒《さむ》い場所《ばしょ》である南極《なんきょく》で、しかも真冬《まふゆ》に子育《こそだ》てをするんだ！

コウテイペンギンは、南極《なんきょく》の秋《あき》にあたる3〜4月《がつ》に、夏《なつ》の間《あいだ》いた海《うみ》を離《はな》れて、内陸部《ないりくぶ》へと歩《ある》いて向《む》かうんだ。50〜120キロメートルも移動《いどう》するから、これだけでも長《なが》ければ数《すう》週間《しゅうかん》かかる。

オスとメスは、気《き》の合《あ》う相手《あいて》がみつかれば、交尾《こうび》をして、5〜6月《がつ》には産卵《さんらん》する。

そして、メスは卵《たまご》をオスにたくして、**すぐさま海《うみ》へと引《ひ》き返《かえ》す**んだ。数週間《すうしゅうかん》かけて歩《ある》いて海《うみ》へ向《む》かい、しばらくそこでエサをとり、また数週間《すうしゅうかん》かけてオスと子《こ》どものもとへ戻《もど》る。産《う》んでから2か月間《げつかん》、メスは卵《たまご》と離《はな》ればなれなんだ。

この季節《きせつ》、南極《なんきょく》には太陽《たいよう》が昇《のぼ》らないから、メスが歩《ある》いて旅《たび》している間《あいだ》は昼間《ひるま》でも**ずっと薄暗《うすぐら》い**。そして気温《きおん》は連日《れんじつ》、**マイナス60℃以下《どいか》！** 嵐《あらし》のような強風《きょうふう》も吹《ふ》く。

なんの目印《めじるし》もない、雪《ゆき》と氷《こおり》だけの真《ま》っ白《しろ》な世界《せかい》をお母《かあ》さんペンギンたちは黙々《もくもく》と進《すす》むんだ。よちよちと歩《ある》いたり、おなかでつぃーっとすべったり。

ぼくたち人間《にんげん》にはとても考《かんが》えられないことだよね。

●冬《ふゆ》の寒《さむ》さと夏《なつ》の暑《あつ》さで死《し》んでしまうひなも多《おお》い

メスが出《で》かけている間《あいだ》、オスは〝足《あし》の甲《こう》〟の上《うえ》に卵《たまご》を載《の》せて、おなかの皮《かわ》の毛布《もうふ》でくるんで温《あたた》める。オスたちは、**おしくらまんじゅうのように**集《あつ》まって、寒《さむ》さをしのぐんだ。最後《さいご》にエサを食《た》べてから、4か月《げつ》もの間《あいだ》オスはなにも食《た》べられない。極寒《ごっかん》で、真《ま》っ暗《くら》で、ひもじいんだ。

そんなオスでも、卵《たまご》からひながかえれば、なにか食《た》べるものを与《あた》えないといけない。お母《かあ》さんペンギンが戻《もど》ってきていればいいけど、少《すこ》し遅《おく》れることもある。空腹《くうふく》でも与《あた》えられるもの。それは、オスの胃《い》の中《なか》でつくられる、タンパク質《しつ》が豊富《ほうふ》なミルクのようなものだ。数日間《すうじつかん》、これでひなを育《そだ》てられるんだ。

メスがエサとりの旅《たび》から戻《もど》ってくるころ、また太陽《たいよう》が昇《のぼ》り始《はじ》める。そしてオスはメスと交代《こうたい》して、歩《ある》いてエサとりの旅《たび》に出《で》る。これを交互《こうご》にくり返《かえ》すんだ。

南極《なんきょく》の真冬《まふゆ》の厳《きび》しさは、ひなにとってもつらい。耐《た》えられずに死《し》んでしまうひなもたく

さんいる。

また、12月《がつ》の巣立《すだ》ちのころには気温《きおん》が最高《さいこう》で0℃《ど》近《ちか》くになることもある。これはペンギンにとっては灼熱《しゃくねつ》の暑《あつ》さ！　**暑《あつ》さのために命《いのち》を落《お》とすひなもいる。**

非常《ひじょう》に厳《きび》しい場所《ばしょ》だけれど、厳《きび》しすぎるからこそ敵《てき》も少《すく》なく、ペンギンたちには安全《あんぜん》なのかもといわれている。

2009年《ねん》に宇宙《うちゅう》から南極《なんきょく》を観察《かんさつ》したところ、コウテイペンギンはおよそ60万《まん》羽《ば》いることがわかった。それまで考《かんが》えられていた数《かず》の倍《ばい》だったんだ。

人間《にんげん》が行《い》くことも難《むずか》しい場所《ばしょ》で、ペンギンたちはたくましく生《い》きているんだ。

これでもてるのか!?
奇抜《きばつ》な姿《すがた》で
求愛《きゅうあい》ダンスをくり広《ひろ》げる

とにかくヤバい

★特徴《とくちょう》など……飾《かざ》ることを優先《ゆうせん》しているため飛《と》ぶのが下手《へた》
★生息地《せいそくち》……ニューギニア島《とう》と周辺《しゅうへん》の島《しま》、オーストラリア東部《とうぶ》
★分類《ぶんるい》……スズメ目《もく》フウチョウ科《か》

フウチョウ

●パラダイスからやってきた鳥《とり》、へんなかっこで踊《おど》る！

異性《いせい》に好《す》かれたいと思《おも》ったらどんなことをする？　おしゃれな服《ふく》を着《き》たり、勉強《べんきょう》や運動《うんどう》をがんばったりするかな。逆《ぎゃく》にいじわるをしちゃう人《ひと》もいるかもしれないな。

これらの行動《こうどう》には共通《きょうつう》する点《てん》がある。それは、「目立《めだ》ちたい」「見《み》てもらいたい」という気持《きも》ちだ。見《み》てもらわないことには、好《す》きになってもらえないもんね。

人間以外《にんげんいがい》の動物《どうぶつ》たちも、さまざまな方法《ほうほう》で異性《いせい》に見《み》てもらって、好《す》きになってもらおうと努力《どりょく》している。そういう行動《こうどう》を**「求愛行動《きゅうあいこうどう》」**というんだ。

ここでは、ちょっと変《か》わった「ゴクラクチョウ（極楽鳥《ごくらくちょう》）」の求愛行動《きゅうあいこうどう》を紹介《しょうかい》しよう。

ニューギニア島《とう》で暮《く》らすゴクラクチョウは41種《しゅ》。この鳥《とり》、この世《よ》のものとは思《おも》えないくらい美《うつく》しい、奇抜《きばつ》な姿《すがた》をしているから、極楽《ごくらく》の鳥《とり》と呼《よ》ばれている。ただしゴクラクチョウというのはニックネームで、本名《ほんみょう》は「フウチョウ」という鳥《とり》の仲間《なかま》だ。

僕《ぼく》のお気《き》に入《い》りは、「カタカケフウチョウ」。この鳥《とり》のオスは、メスがやってくるとブワッと羽《はね》を丸《まる》く広《ひろ》げて、気持《きも》ちの悪《わる》いお面《めん》のような姿《すがた》に早変《はやが》わりする。そしてそのお面姿《めんすがた》でメスに迫《せま》り、タンタンと大《おお》きな音《おと》を出《だ》しながら、ダンスをくり広《ひろ》げる。

人間《にんげん》でたとえるなら、女子《じょし》の前《まえ》で複雑《ふくざつ》なヨガのポーズをして、さけびながら踊《おど》るような感《かん》じだ。ありえない……。でもこれでカタカケフウチョウのメスはグッときちゃう。

●メスをいかに喜《よろこ》ばせるか、それがオスの使命《しめい》だ

ゴクラクチョウは、41種《しゅ》それぞれにとても個性《こせい》がある。頭《あたま》から2本《ほん》の長《なが》――い派手《はで》な飾《かざ》りを生《は》やしているもの（フキナガシフウチョウ）もいれば、おしりから12本《ほん》の細《ほそ》い針金《はりがね》のようなものを生《は》やしているもの（ジュウニセンフウチョウ）もいる。こんな変《へん》な姿《すがた》をした鳥《とり》は、世界中《せかいじゅう》を見回《みまわ》してもなかなかみつからない。ジュウニセンフウチョウは、この**針金《はりがね》のようなものでメスをなでなでする**のが求愛行動《きゅうあいこうどう》だともいわれているんだ！　なでなでって……。

中《なか》には、メスが止《と》まって踊《おど》りを眺《なが》められるほどよい枝《えだ》のある場所《ばしょ》を確保《かくほ》して、その踊《おど》り場《ば》をちりひとつないくらい毎日《まいにち》きれいに掃除《そうじ》をするヤツもいる。なんてマメなんだ！

派手《はで》な姿《すがた》のオスに対《たい》して、ゴクラクチョウのメスはたいてい地味《じみ》な姿《すがた》をしている。交尾《こうび》のあと、卵《たまご》を産《う》み、ひなを育《そだ》てるのはすべてメスの仕事《しごと》だ。オスは子育《こそだ》てには参加《さんか》

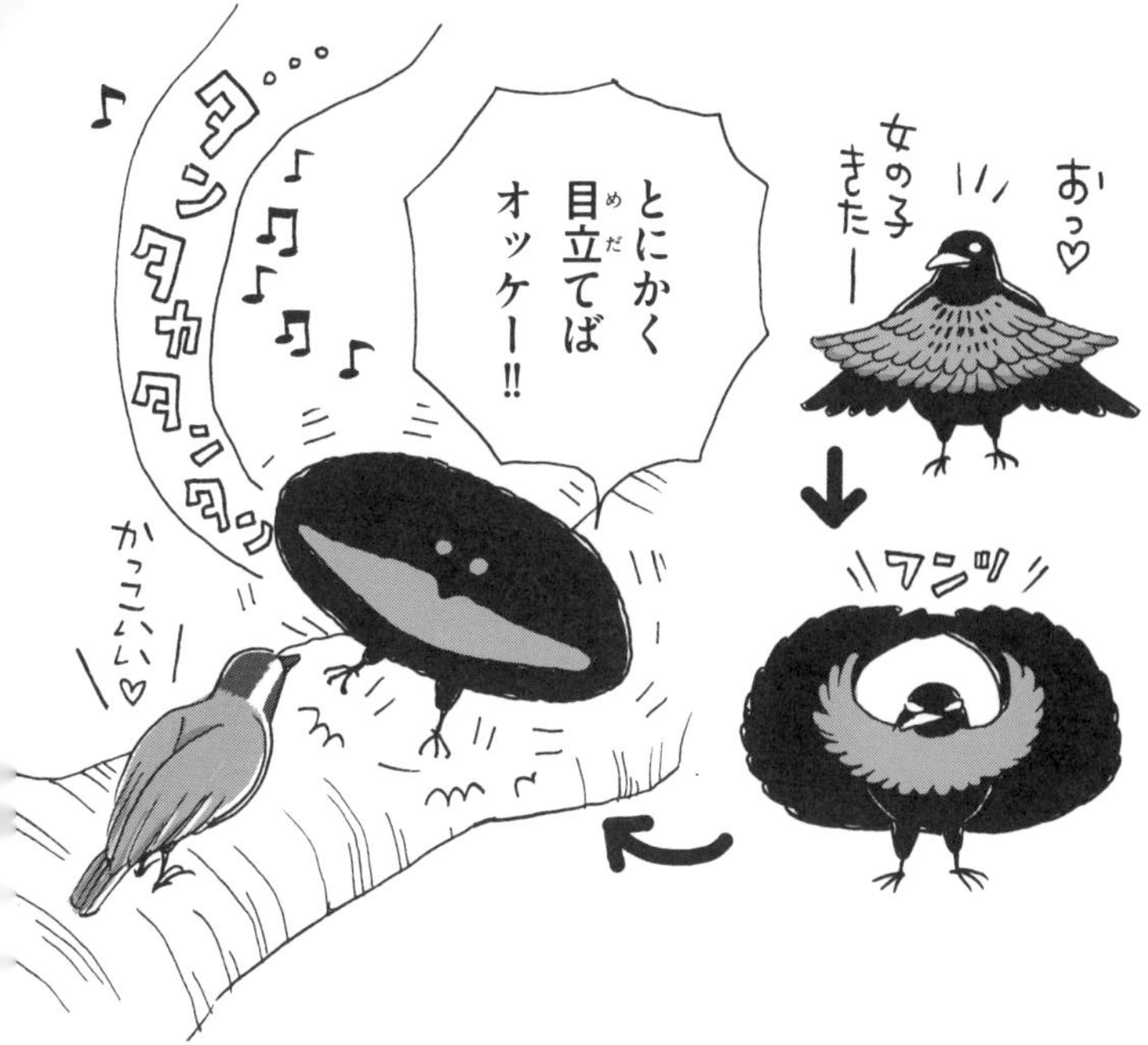

せず、ひたすら着飾《きかざ》って踊《おど》っている。

メスのゴクラクチョウは、オスの姿《すがた》や踊《おど》り方《かた》をじーっと観察《かんさつ》して、気《き》に入《い》れば交尾《こうび》をし、気《き》に入《い》らなければ立《た》ち去《さ》る。

つまり、メスに気《き》に入《い》られたオスだけが子《こ》どもを残《のこ》すことができる。おしりから12本《ほん》の針金《はりがね》のようなものを生《は》やすことになったのも、すべてはメスの好《この》みによって進化《しんか》したものなんだ。

ゴクラクチョウについては、近年《きんねん》、すべての種《しゅ》の写真《しゃしん》が撮影《さつえい》され、ほとんどの種類《しゅるい》の動画《どうが》をインターネットで見《み》ることができるようになった。百聞《ひゃくぶん》は一見《いっけん》にしかず。ぜひチェックしてみてほしい！

コラム

「人間《にんげん》」は、ほかの生《い》きものとどうちがう？

この地球《ちきゅう》にいる人間《にんげん》はみんな、ホモ・サピエンスという1種類《しゅるい》のサルの仲間《なかま》だ。脳《のう》がめちゃめちゃ大《おお》きくて、後《うし》ろ足《あし》だけで立《た》ち、背筋《せすじ》をまっすぐにして歩《ある》くのが特徴《とくちょう》だ。ホモ・サピエンスは、さまざまな道具《どうぐ》を発明《はつめい》し、街《まち》をつくり、宇宙《うちゅう》へ行《い》き、芸術《げいじゅつ》を愛《あい》する。いろんな点《てん》がほかの生《い》きものとはちがっている。

だけど、なんといってもいちばんちがっているのは、**「協力《きょうりょく》すること」**だと僕《ぼく》は思《おも》うんだ。それも、ものすごく強《つよ》い協力関係《きょうりょくかんけい》だ。

自然界《しぜんかい》では、親《おや》と子《こ》や、きょうだいたちが協力《きょうりょく》することはあっても、他人同士《たにんどうし》が協力《きょうりょく》することはほとんどない。

ミツバチは、いろいろな役割《やくわり》を持《も》ったハチが集団《しゅうだん》で協力《きょうりょく》して暮《く》らしているけど、あれはみんな血《ち》のつながった家族《かぞく》だ。

自然界《しぜんかい》では、みんな自分《じぶん》が食《た》べるものは自分《じぶん》でとる。でも人間《にんげん》はどうだろう。今日《きょう》食《た》べたもののうち、どのくらいが自分《じぶん》で育《そだ》てたり、とったりしたものだった？　ゼロの人《ひと》が多《おお》いんじゃないかな？　僕《ぼく》たちはいつも誰《だれ》かがつくったものを食《た》べさせてもらっているんだ。

そのかわりお金《かね》を払《はら》っているよ、と思《おも》った人《ひと》もいるだろうね。その通《とお》り。なんだけど、このお金《かね》ってのも妙《みょう》なものだ。だってあれってただの金属《きんぞく》のかたまりや、紙《かみ》だよね。なんであれをお金《かね》として使《つか》えるんだと思《おも》う？

それは、みんながお互《たが》いを信《しん》じ合《あ》って、「この紙《かみ》には1000円《えん》の価値《かち》がある」という約束《やくそく》を守《まも》っているからだ。どんなに知《し》らない人《ひと》とでも、お金《かね》を介《かい》してやりとりができる。そしてそのおかげで僕《ぼく》たちはごはんが食《た》べられるし、食《た》べものをつくって売《う》った人《ひと》は、そのお金《かね》で家賃《やちん》を払《はら》ったり服《ふく》を買《か》ったりできる。

すごく協力《きょうりょく》し合《あ》っているわけだ。

この強《つよ》い協力関係《きょうりょくかんけい》があるからこそ、人間《にんげん》はとんでもなく発展《はってん》してきた。自動車《じどうしゃ》や宇宙船《うちゅうせん》をつくり、誰《だれ》でもスマホでやりとりができるようになった。ものすごく頭《あたま》のよい人間《にんげん》がひとりいたって、その人《ひと》だけで宇宙船《うちゅうせん》をつくって飛《と》ばすことはできないよね。他人《たにん》同士《どうし》が協力《きょうりょく》したからこそ、人間《にんげん》は宇宙《うちゅう》へも行《い》けるようになったんだ。

こう考《かんが》えると、人間《にんげん》もヤバい生《い》きものだよね。

6章《しょう》

この先《さき》、危険《きけん》!!気持《きも》ち悪《わる》くてヤバい

ウオノエ

口《くち》の中《なか》に巨大《きょだい》なダンゴムシ!? 魚《さかな》に寄生《きせい》して生《い》きる

★特徴《とくちょう》など……タイノエ夫妻《ふさい》は、妻《つま》の方《ほう》が倍以上《ばいいじょう》体《からだ》が大《おお》きい
★生息地《せいそくち》……世界中《せかいじゅう》の淡水《たんすい》・汽水《きすい》・海水《かいすい》
★分類《ぶんるい》……ワラジムシ目《もく》ウオノエ科《か》

この先《さき》、危険《きけん》!! 気持《きも》ち悪《わる》くてヤバい

●魚《さかな》の体液《たいえき》を吸《す》って生《い》きる、ダンゴムシの仲間《なかま》

海釣《うみづ》りに出《で》かけたお父《とう》さんがタイを釣《つ》り上《あ》げて帰《かえ》ってきた。
わーい、今日《きょう》はタイ三昧《ざんまい》だ！　と、キミがタイをのぞきこんで、その口《くち》の中《なか》を見《み》ると
……そこには**口《くち》の中《なか》いっぱいに大《おお》きく成長《せいちょう》した寄生虫《きせいちゅう》**がコンニチハしていた！
ギャ――――ッと叫《さけ》んで、思《おも》わずタイを放《ほう》り投《な》げてしまうかもしれない。
そのくらい、コイツはかなり気持《きも》ち悪《わる》い見《み》た目《め》をしている。
そして、思《おも》っている以上《いじょう》にデカい。
その寄生虫《きせいちゅう》の名《な》は、ウオノエ。タイについているのは、タイノエとも呼《よ》ばれる。
ウオノエは、漢字《かんじ》で書《か》くと「魚《うお》の餌《え》」だ。
口《くち》の中《なか》にいると、まるで魚《さかな》のエサみたいだからこんな名前《なまえ》がついている。
江戸時代《えどじだい》には、タイノエは福《ふく》をもたらすとしてありがたがられたらしく、「鯛《たい》の腹玉《はらだま》」
なんて呼《よ》ばれていた。
当時《とうじ》は「気持《きも》ちの悪《わる》い寄生虫《きせいちゅう》」じゃなかったんだ！

●もともとは深海《しんかい》のウナギの仲間《なかま》に寄生《きせい》していた

ウオノエは、ダンゴムシと同《おな》じ「ワラジムシ目《もく》」というグループの生《い》きもので、白《しろ》っぽい色《いろ》をしている。

タイノエのように、口《くち》の中《なか》をすみかにするものもいれば、えらの中《なか》や体《からだ》の表面《ひょうめん》などをすみかにするものもいて、寄生《きせい》する場所《ばしょ》はさまざまだ。口《くち》の中《なか》に寄生《きせい》する場合《ばあい》は、魚《さかな》の舌《した》の上《うえ》が多《おお》いんだけど、タイノエは上《うわ》あごにすみかをかまえるちょっと変《か》わったタイプのウオノエなんだ。

ウオノエの多《おお》くは、生《う》まれたときにはオスでもメスでもない、雌雄同体《しゆうどうたい》だ。魚《さかな》が幼《おさな》いうちに寄生《きせい》をして、先《さき》に寄生《きせい》したものがメスになり、あとから寄生《きせい》したものがオスになる。そして、その魚《さかな》の体液《たいえき》を吸《す》いながら、ずっと仲《なか》よく口《くち》の中《なか》で暮《く》らしていく。

ウオノエは世界《せかい》におよそ400種類《しゅるい》いるといわれていて、彼《かれ》らが寄生《きせい》する魚《さかな》は、いろいろな汽水《きすい》（淡水《たんすい》と海水《かいすい》がまざっている水《みず》）・海水《かいすい》のどこにでもいる。ウオノエは、淡水《たんすい》・場所《ばしょ》で、いろいろな魚《さかな》の、いろいろな部位《ぶい》に寄生《きせい》しているってわけ。

こんなにバラエティに富《と》んだ生《い》き方《かた》をするウオノエは、もともとはどんな暮《く》らしをして

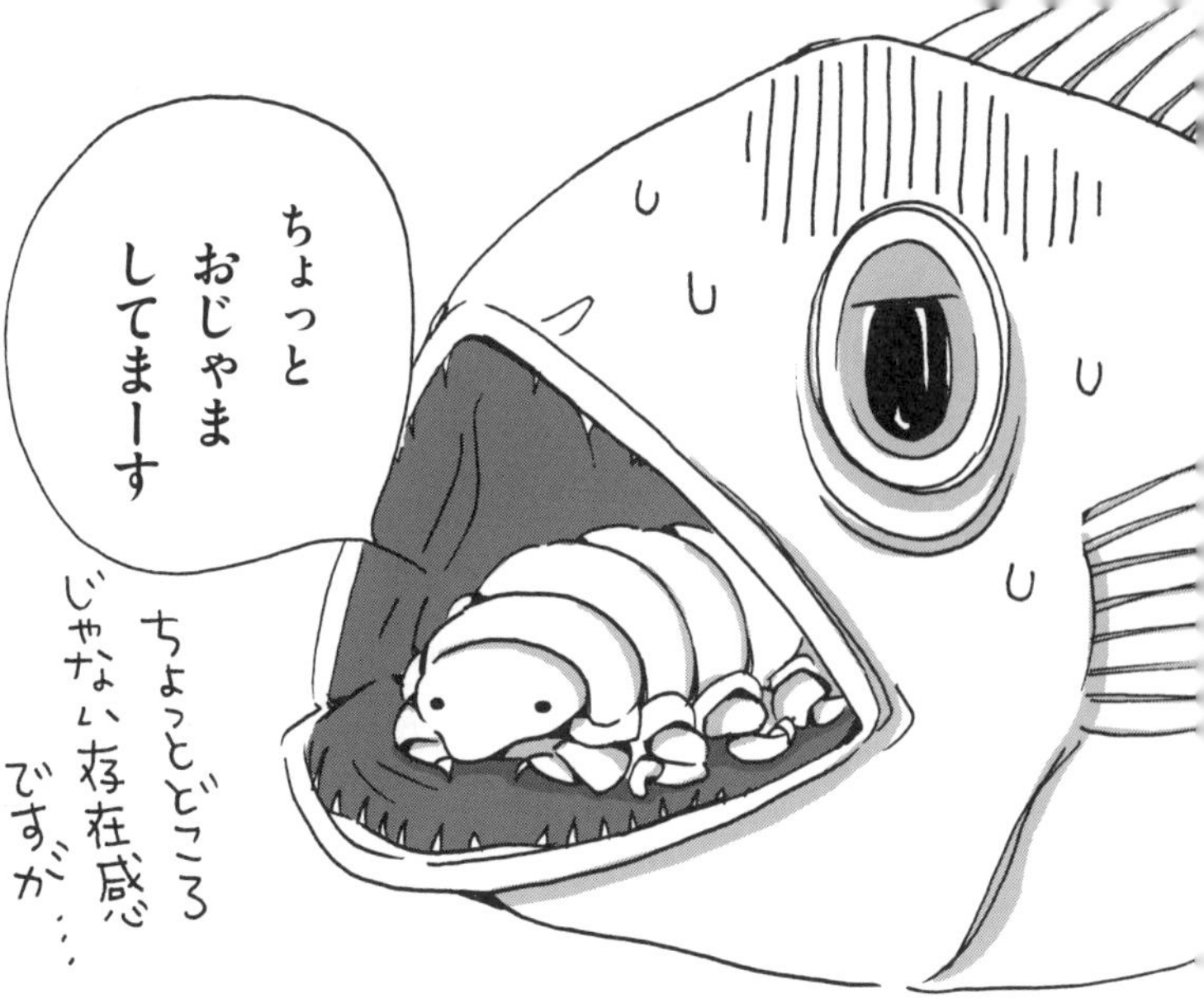

いたのか？　2017年《ねん》にその一部《いちぶ》があきらかになった。

研究《けんきゅう》によると、ウオノエはもともと、深海《しんかい》のウナギの仲間《なかま》に寄生《きせい》していたらしい。そこからさまざまな場所《ばしょ》へ進出《しんしゅつ》し、いろいろな魚《さかな》とともに生《い》きるようになったんだ。

最初《さいしょ》のころはえらに寄生《きせい》していたこともあきらかになった。その後《ご》、口《くち》の中《なか》や腹《はら》の中《なか》、体《からだ》の表面《ひょうめん》にも寄生《きせい》するようにどんどん進化《しんか》していったらしい。

進化《しんか》して世界中《せかいじゅう》で繁栄《はんえい》しているウオノエ。気持《きも》ち悪《わる》いけど、なんかすごいね！

メジナ虫《ちゅう》

人《ひと》の体内《たいない》に入《はい》って
足《あし》から外《そと》へ
にゅるっと出《で》てくる

★特徴《とくちょう》など……日本《にほん》にはいないから安心《あんしん》して！
★生息地《せいそくち》……インド、中東《ちゅうとう》、アフリカ
★分類《ぶんるい》………旋尾線虫目蛇状線虫上科《せんびせんちゅうもくだじょうせんちゅうじょうか》

この先《さき》、危険《きけん》!! 気持《きも》ち悪《わる》くてヤバい

●想像《そうぞう》しただけでも鳥肌《とりはだ》！　最高《さいこう》に気持《きも》ち悪《わる》い寄生虫《きせいちゅう》

数《かず》ある寄生虫《きせいちゅう》の中《なか》で僕《ぼく》がこれは本当《ほんとう》にヤバい！　と思《おも》っているものがいる。

それは**「メジナ虫《ちゅう》」**だ。みんなは知《し》らないかもしれないね。

メジナ虫《ちゅう》は、「旋尾線虫《せんびせんちゅう》」というグループの生《い》きもので、見《み》た目《め》は白《しろ》くて細長《ほそなが》い。

夏《なつ》に食《た》べる「そうめん」にそっくりなんだ。

人体《じんたい》に入《はい》りこむと、その中《なか》で1メートルほどの長《なが》さにまで成長《せいちょう》するというからおどろきだ！

ほとんどは撲滅《ぼくめつ》されつつあるんだけど、今《いま》でもインドや中東《ちゅうとう》、アフリカで生《い》きている。

そして、このメジナ虫《ちゅう》のなにがヤバいかというと……。

寄生《きせい》した人《ひと》の足《あし》の皮膚《ひふ》を突《つ》き破《やぶ》り、ひょっこり、にょろにょろっと出《で》てくるんだ！

足《あし》から寄生虫《きせいちゅう》が出《で》てくる！

想像《そうぞう》するだけで冷《ひ》や汗《あせ》が出《で》るよね。

●足《あし》を水《みず》につけたい……そう思《おも》わせるのがヤツらの作戦《さくせん》

メジナ虫《ちゅう》が足《あし》から出《で》てくるのは、人体《じんたい》に寄生《きせい》を始《はじ》めてからおよそ1年後《ねんご》のこと。最初《さいしょ》は飲《の》み水《みず》にまざって口《くち》から侵入《しんにゅう》して、腸《ちょう》で成長《せいちょう》し、1年《ねん》くらい経《た》つとメスが足《あし》へと移動《いどう》して、皮膚《ひふ》に〝出口《でぐち》〟をつくる。そして、その出口《でぐち》からそうめんのようなメジナ虫《ちゅう》が姿《すがた》をあらわすんだ。

出《で》てくるのは1匹《ぴき》とは限《かぎ》らない。**何匹《なんびき》も出《で》てくることもある**という。何匹《なんびき》もって……。本当《ほんとう》にあるなんて信《しん》じられないよ。

メジナ虫《ちゅう》が出《で》てくるときには足《あし》がめちゃくちゃ熱《あつ》く、痛《いた》みを感《かん》じるようにもなる。そんなときキミだったらどうする？　その足《あし》を水《みず》につけて冷《ひ》やさないかな？　だけどね、この足《あし》を水《みず》につけさせることこそメジナ虫《ちゅう》の作戦《さくせん》なんだ。

というのも、足《あし》を水《みず》につけた瞬間《しゅんかん》、メジナ虫《ちゅう》は幼虫《ようちゅう》を水中《すいちゅう》に放《はな》つ。放《はな》たれた幼虫《ようちゅう》は水《みず》の中《なか》にいる微生物《びせいぶつ》に食《た》べられ、その体内《たいない》に宿《やど》る。そしてこの微生物《びせいぶつ》を含《ふく》む水《みず》を人間《にんげん》が飲《の》むことでまた新《あら》たな寄生《きせい》が始《はじ》まるのだ……。

メジナ虫《ちゅう》が外《そと》へ出《で》てくる時期《じき》に人体《じんたい》が感《かん》じる痛《いた》みは、かなり激《はげ》しい。とても起《お》きてはい

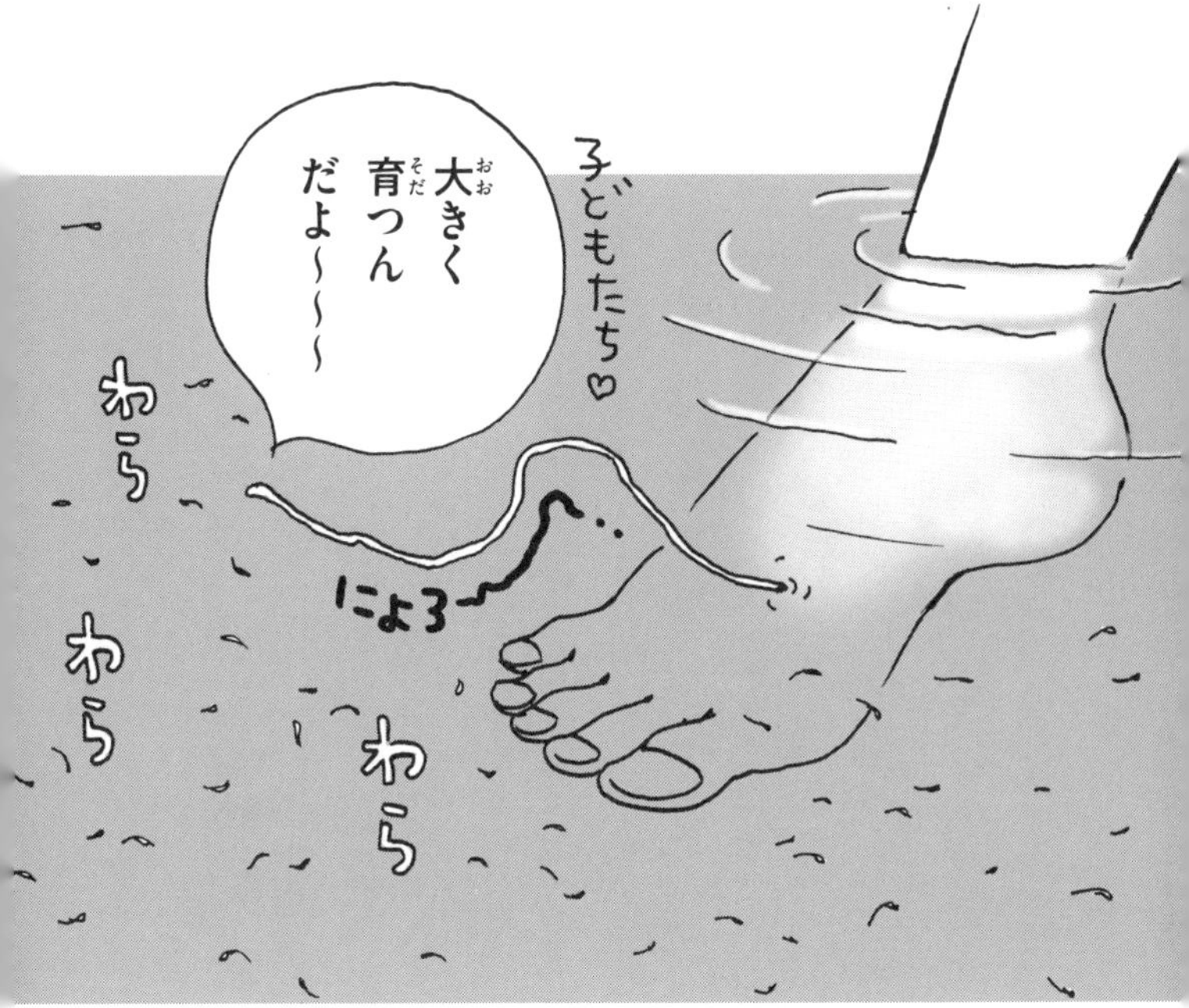

られないので、仕事《しごと》も学校《がっこう》も休《やす》むことになる。
痛《いた》みにたえるため、メジナ虫《ちゅう》に寄生《きせい》されてしまった人《ひと》たちは心《こころ》も体《からだ》も疲《つか》れてしまうらしい。つらそうだね……。
メジナ虫《ちゅう》の寄生《きせい》を防《ふせ》ぐためには、飲《の》み水《みず》をきれいにするしか方法《ほうほう》はない。昔《むかし》にくらべれば被害《ひがい》はずいぶん減《へ》ってきたけれど、今《いま》でも世界《せかい》にはきれいな水《みず》が手《て》に入《はい》らない地域《ちいき》があるんだ。
1日《にち》でも早《はや》く誰《だれ》もがきれいな水《みず》を飲《の》めるようになるといいよね。

ミツクリザメ

怪獣《かいじゅう》のモデルにもなった
食事《しょくじ》どきにあごが飛《と》び出《で》る
海《うみ》の悪魔《あくま》！

★特徴《とくちょう》など…古《ふる》くから生《い》きている、「生《い》きた化石《かせき》」のひとつ
★生息地《せいそくち》……太平洋《たいへいよう》、インド洋《よう》など
★分類《ぶんるい》………ネズミザメ目《もく》ミツクリザメ科《か》

この先《さき》、危険《きけん》!! 気《き》持《も》ち悪《わる》くてヤバい

●食事《しょくじ》シーンがヤバい！

「ミツクリザメ」は、水深《すいしん》400〜1300メートルの深海《しんかい》で暮《く》らすサメの仲間《なかま》。体長《たいちょう》は1〜3メートルで、1898年《ねん》に日本《にほん》で最初《さいしょ》に発見《はっけん》された。

その見《み》た目《め》から、「悪魔《あくま》のサメ」という物々《ものもの》しいニックネームを頂戴《ちょうだい》している。エイリアン・シャークなんて呼《よ》ばれることもあるんだ。

ただし、ふだんのミツクリザメはそれほど気持《きも》ち悪《わる》くもないし、悪魔《あくま》っぽいわけでもない。深海魚《しんかいぎょ》としては、まあ、普通《ふつう》のレベル。

全身《ぜんしん》がほんのりピンク色《いろ》で、表面《ひょうめん》がぬめぬめで、頭《あたま》の先《さき》が前《まえ》に長《なが》ーーーく突《つ》き出《で》ているところが特徴《とくちょう》。ちなみにこの突《つ》き出《で》た部分《ぶぶん》は「吻《ふん》」と呼《よ》ばれる。

そんなミツクリザメが、気持《きも》ち悪《わる》さとともに悪魔《あくま》の顔《かお》をあらわすのは、獲物《えもの》をつかまえるとき。

口《くち》を大《おお》きく開《あ》けたあとに、**上《うわ》あごと下《した》あごが飛《と》び出《で》て、獲物《えもの》にかみつく**んだ！

サメの仲間《なかま》ではあごが飛《と》び出《で》るものもいるけど、ミツクリザメほど大《おお》きく前方《ぜんぽう》に飛《と》び出《で》るものはほかにみつかっていない。

●超高速《ちょうこうそく》であごを出《だ》し入《い》れできる

ミツクリザメがどのように獲物《えもの》をつかまえるのかは、長《なが》い間《あいだ》わかっていなかった。2008年《ねん》と2011年《ねん》に撮影《さつえい》された映像《えいぞう》のおかげでそれが解明《かいめい》されたんだ。

映像《えいぞう》を調《しら》べたところ、ミツクリザメはまず大《おお》きく口《くち》を開《あ》けて、次《つぎ》に開《ひら》いた状態《じょうたい》のあごを前方《ぜんぽう》へ飛《と》び出《だ》させてから、がぶり！　とくいつくという流《なが》れだった。

おどろくべきことに、この動《うご》きをわずか**0・3秒《びょう》でやってのけるんだ！**

深海《しんかい》はエサの少《すく》ない環境《かんきょう》。そんな場所《ばしょ》で暮《く》らしていると、たまにみかけた獲物《えもの》を必《かなら》ずしとめなければ生《い》きていけない。そのため、泳《およ》ぐのがおそいミツクリザメは、**超高速《ちょうこうそく》であごを飛《と》び出《だ》させてかみつく**という進化《しんか》を遂《と》げたと考《かんが》えられているんだ。

映像《えいぞう》を調《しら》べた研究者《けんきゅうしゃ》は、この方法《ほうほう》を「パチンコ式摂餌《しきせつじ》」と名《な》づけている。

獲物《えもの》をつかまえるときには、頭《あたま》にある吻《ふん》も役《やく》に立《た》つ。

サメの仲間《なかま》は、吻《ふん》の中《なか》に「電気《でんき》を感《かん》じるセンサー」を備《そな》えている。ミツクリザメの吻《ふん》にもこのセンサーがあって、これを使《つか》って真《ま》っ暗《くら》な深海《しんかい》で獲物《えもの》を探《さが》すんだ。生《い》きものはとても弱《よわ》い電気《でんき》をおびているから、センサーを使《つか》えば居場所《いばしょ》がわかるん

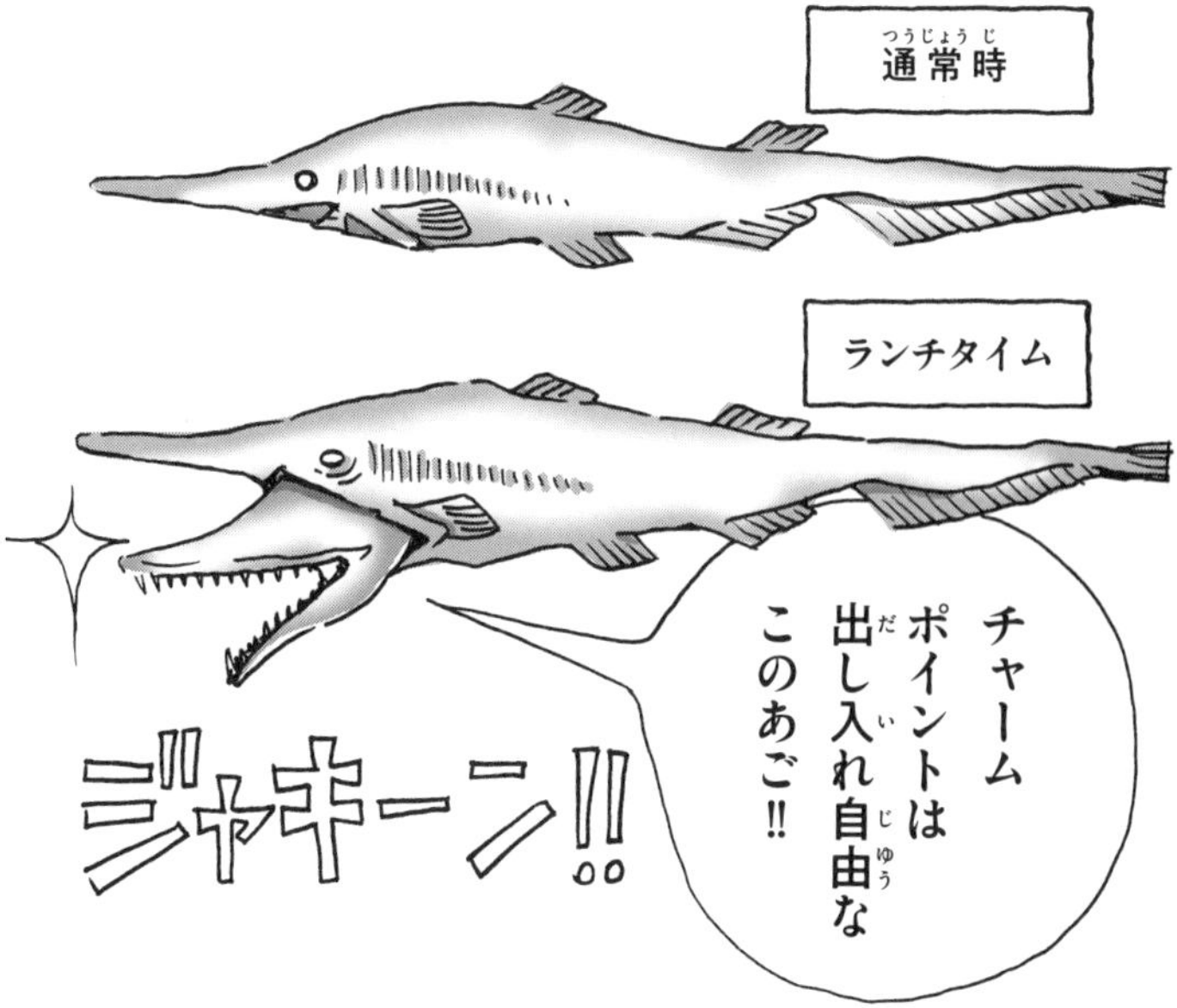

だ。

獲物《えもの》が海底《かいてい》にもぐっている場合《ばあい》は、吻《ふん》を使《つか》って掘《ほ》りおこすのではないかとも考《かんが》えられている。

ミツクリザメは、映画《えいが》に登場《とうじょう》する怪獣《かいじゅう》のモデルになったこともある。その怪獣《かいじゅう》の名《な》は「ジグラ」。1971年《ねん》に公開《こうかい》された映画《えいが》なので、お父《とう》さんやおじいさんは知《し》っているかもね。

マダニ

待《ま》って、待《ま》って
待《ま》ちつづける
その根気強《こんきづよ》さに驚《おどろ》く!!

★特徴《とくちょう》など……痛《いた》くもかゆくもないから血《ち》を吸《す》われても気《き》づかない
★生息地《せいそくち》……日本《にほん》では北海道《ほっかいどう》から沖縄《おきなわ》までどこでも
★分類《ぶんるい》……ダニ目《もく》マダニ科《か》

●いつの間《ま》にか体《からだ》にくっついて、パンパンになるまで血《ち》を吸《す》う

「マダニ」は、動物《どうぶつ》の血《ち》を吸《す》って生《い》きている。日本《にほん》には47種類《しゅるい》のマダニがいて、そのうち20種類《しゅるい》くらいがヒトの血《ち》を吸《す》うんだ。知《し》っていた？

マダニが暮《く》らすのは、シカやイノシシがいるような森《もり》や林《はやし》のほか、家《いえ》の裏庭《うらにわ》や畑《はたけ》、あぜ道《みち》、河川敷《かせんじき》など。つまり、僕《ぼく》たちのすぐ身近《みぢか》にいる生《い》きものなんだ。

マダニは、血《ち》を吸《す》うと大《おお》きく体《からだ》が膨《ふく》らむ。数《すう》ミリメートルほどだったのが、**血《ち》を吸《す》うとパンパンに膨《ふく》らんで**1センチメートルくらいになるんだ。中《なか》には3センチメートルくらいになるヤツもいる。気《き》づいたら、10円玉《えんだま》くらいのマダニが体《からだ》にひっそりくっついていた……なんてことになるんだ。考《かんが》えただけでぞ〜っとするね！

マダニに血《ち》を吸《す》われるだけでも気持《きも》ち悪《わる》いのに、ヤツらは病気《びょうき》を運《はこ》んでくることもある。命《いのち》に関《かか》わる重《おも》い病気《びょうき》もあるから、甘《あま》くみてはいけないぞ。

●生《い》きている間《あいだ》に三度《ど》血《ち》を吸《す》う

マダニの体《からだ》は、「顎体部《がくたいぶ》」と「胴体部《どうたいぶ》」からできている。顎体部《がくたいぶ》は頭《あたま》のように見《み》えるけど、**眼《め》も脳《のう》もない**。頭《あたま》ではなくて、血《ち》を吸《す》うためにつくられたたんなるあごなんだ。

マダニは動物《どうぶつ》の皮膚《ひふ》にとりつくと、唾液《だえき》に含《ふく》まれる酵素《こうそ》で皮膚《ひふ》を溶《と》かしながら、あごのはさみで皮膚《ひふ》を切《き》りひらく。そこへ、「口下片《こうかへん》」と呼《よ》ばれるぎざぎざしたストローのようなものを挿入《そうにゅう》するんだ。口下片《こうかへん》はがっしり皮膚《ひふ》に固定《こてい》されるので、簡単《かんたん》に抜《ぬ》けない。そしてその状態《じょうたい》で、**数日《すうじつ》～1か月もの間《あいだ》、血《ち》を吸《す》いつづける**んだ。

ただし、このようにマダニが血《ち》を吸《す》うのは、じつは**生涯《しょうがい》で3回《かい》**だけなんだって。卵《たまご》からかえったマダニの幼虫《ようちゅう》は、ササや草《くさ》の上《うえ》などでじっとして、ネズミなどの小《ちい》さな動物《どうぶつ》が通《とお》り過《す》ぎるのを待《ま》つ。動物《どうぶつ》が近《ちか》づいたり草《くさ》に触《ふ》れたりしたら、その体《からだ》に乗《の》るんだ。そして、吸《す》いやすそうな場所《ばしょ》を探《さが》して歩《ある》きまわる。いい場所《ばしょ》がみつかったら、血《ち》を吸《す》い始《はじ》める。幼虫《ようちゅう》の場合《ばあい》は、3～4日吸《かす》って、おなかいっぱいになったらぽろりとはずれて、地面《じめん》に落《お》ちる。その後《ご》、脱皮《だっぴ》して、若虫《わかむし》になる。

若虫《わかむし》はまた草《くさ》の上《うえ》で動物《どうぶつ》を待《ま》ち、4〜5日《にち》血《ち》を吸《す》って、地面《じめん》に落《お》ちて脱皮《だっぴ》する。そして、成虫《せいちゅう》になるんだ。

成虫《せいちゅう》もまた草《くさ》の上《うえ》で動物《どうぶつ》を待《ま》ち、1週《しゅう》間《かん》〜1か月《げつ》ほど血《ち》を吸《す》う。

このとき、動物《どうぶつ》の体《からだ》の上《うえ》でオスとメスが出合《であ》えば、交尾《こうび》をする。満腹《まんぷく》になって落下《らっか》したあと、メスはしばらくしてから産卵《さんらん》するんだ。

マダニの〝人生《じんせい》〟は、待《ま》ってばかりだ。いくら待《ま》っても動物《どうぶつ》が通《とお》り過《す》ぎない場合《ばあい》は、そのまま餓死《がし》してしまうしかない。気《き》持《も》ち悪《わる》いけれど、その根気《こんき》のよさは見《み》上《あ》げたもんだよね！

ウジが人《ひと》を救《すく》う??

ハエの幼虫《ようちゅう》のことを「ウジ」という。

ウジは、気持《きも》ち悪《わる》いものの代名詞《だいめいし》のような存在《そんざい》だ。

体長《たいちょう》は、種類《しゅるい》や成長段階《せいちょうだんかい》によってちがっていて、1～20ミリメートルくらい。黄色《きいろ》みを帯《お》びた白色《しろいろ》をしている。

ハエは腐《くさ》ったものが好《す》きだ。腐《くさ》ったものに卵《たまご》を産《う》みつければ、それが幼虫《ようちゅう》のエサになるからなんだ。イエバエというハエの場合《ばあい》、1回《かい》の産卵《さんらん》で50～150個《こ》の卵《たまご》を産《う》む。卵《たまご》は産《う》みつけられてから1～2日《ふつか》という短《みじか》い期間《きかん》で孵化《ふか》する。小《ちい》さなウジがたくさんもぞもぞとうごめく様子《ようす》は、できれば目《め》にしたくない光景《こうけい》だよね……。

そんなウジなんだけど、じつはめちゃくちゃすごい能力《のうりょく》を持《も》っていて、人《ひと》の役《やく》に立《た》っているって知《し》っているかな?

その能力《のうりょく》とは、**お医者《いしゃ》さんでも治《なお》せないような傷《きず》を治《なお》すこと!**

血液《けつえき》は酸素《さんそ》や養分《ようぶん》を運《はこ》ぶため、体《からだ》の再生《さいせい》には欠《か》かせないんだけれど、たとえば、糖尿病《とうにょうびょう》にかかった人《ひと》の中《なか》には、足《あし》の先《さき》まで血液《けつえき》がうまく送《おく》れず、傷《きず》ができても治《なお》らない人《ひと》がいる。

この場合《ばあい》、症状《しょうじょう》が悪化《あっか》すると足《あし》の先《さき》が腐《くさ》ってしまい、さらに放《ほう》っておくと、全身《ぜんしん》に影響《えいきょう》して、死《し》んでしまうこともあるんだ。

そうなっては困《こま》るので、体《からだ》の一部《いちぶ》が腐《くさ》ってしまったときには、その部分《ぶぶん》を切《き》り落《お》としてしまうしか方法《ほうほう》がない。でも、できれば、切断《せつだん》はしてもらいたくないよね。

そこでウジが活躍《かつやく》するんだ。

ウジは、**腐《くさ》った肉《にく》だけを食《た》べる**という習性《しゅうせい》がある。健康《けんこう》な肉《にく》は食《た》べないんだ。また、傷口《きずぐち》にいる悪《わる》い菌《きん》をやっつけてくれる力《ちから》も持《も》っている。さらには、**新《あたら》しい肉《にく》の再生《さいせい》をうながす**はたらきもあるんだ！

治療《ちりょう》には、傷口《きずぐち》に医療用《いりょうよう》のウジを置《お》いてテープなどでふさぎ、1週間《しゅうかん》くらいそのままにする。ウジはその間《あいだ》ずっと、はたらきつづけてくれる。これを何度《なんど》かくり返《かえ》すことで、傷口《きずぐち》の悪化《あっか》が止《と》まり、肉《にく》や皮膚《ひふ》が再生《さいせい》するんだ。

ウジを使《つか》った治療《ちりょう》のことを、「マゴットセラピー」と呼《よ》んでいる。マゴットはウジ、セラピーは治療《ちりょう》という意味《いみ》だ。この治療《ちりょう》で体《からだ》を切断《せつだん》せずに助《たす》かった人《ひと》が世界中《せかいじゅう》にたくさんいるんだ。

あとがき

まずは、最後《さいご》まで読《よ》んでくれたみんな、どうもありがとう！

どんな生《い》きものが印象《いんしょう》に残《のこ》っているかな？

この本《ほん》で紹介《しょうかい》したことは、僕《ぼく》、島野《しまの》イルカが隊長《たいちょう》をつとめる「ヤバい生《い》きもの調査隊《ちょうさたい》」が、世界中《せかいじゅう》の科学者《かがくしゃ》たちが研究《けんきゅう》を重《かさ》ねて明《あき》らかにしてきたことを調査《ちょうさ》し、まとめたものだ。


ここでは紹介《しょうかい》できなかった生《い》きものもたくさんいるし、まだ人類《じんるい》が発見《はっけん》していないヤバい生《い》きものもきっといるはず。

そう考《かんが》えると、僕《ぼく》たちが暮《く》らすこの地球《ちきゅう》って本当《ほんとう》にミラクルな惑星《わくせい》だね。


この本《ほん》を読《よ》んで、生《い》きものってすごいなあ、もっと知《し》りたい！　と思《おも》ったキミ。

いいぞいいぞ！

ぜひ、いろいろな本《ほん》を読《よ》んでみよう。図鑑《ずかん》もおもしろいからおすすめだ。このあとで参《さん》考《こう》になる本《ほん》を紹介《しょうかい》しているから、それを取《と》っかかりにしてもいいね。

本《ほん》や図鑑《ずかん》もいいけど、ぜひ生《い》きものを実際《じっさい》に見《み》たり、触《さわ》ったりしてみてほしい。ゾウやカバを見《み》るためにアフリカへ……とはさすがにいわない。僕《ぼく》だってまだアフリカには行《い》ったことがない！

身近《みぢか》なところなら、公園《こうえん》や田《た》んぼにはどんな生《い》きものがいるだろう？海《うみ》や川《かわ》、森《もり》へ出《で》かけてもいい。

キミの家《いえ》にも生《い》きものはいる。軒下《のきした》のツバメ、イヌやネコ、いつの間《ま》にか巣《す》を張《は》るクモ。よーく観察《かんさつ》したらおもしろいことがみつかるかもしれない。

ありふれた生《い》きものでも大発見《だいはっけん》はきっとある。……そう考《かんが》えると、わくわくするよね。

僕《ぼく》はこれからもヤバい生《い》きものの調査《ちょうさ》をつづける。

またみんなにいろんなヤバい生《い》きものを紹介《しょうかい》する日《ひ》がくることを願《ねが》っているよ！

主な参考文献

『深海生物大事典』佐藤孝子著　成美堂出版
『世界一賢い鳥、カラスの科学』ジョン・マーズラフ／トニー・エンジェル著、トニー・エンジェル挿画、東郷えりか訳　河出書房新社
『鳥ってすごい！』樋口広芳著　山と溪谷社
『フィールドガイドシリーズ②　野外における危険な生物』財団法人　日本自然保護協会編集・監修　平凡社
『小学館の図鑑・ＮＥＯ　21　危険生物』　小学館
『世界動物大図鑑』デイヴィッド・バーニーほか編集、日高敏隆ほか日本語版監修　ネコ・パブリッシング
『ポプラディア大図鑑ＷＯＮＤＡアドベンチャー(2)　最強の生物』成島悦雄監修　ポプラ社
『ゾウの知恵――陸上最大の動物の魅力にせまる』田谷一善編著、片井信之・乙津和歌・成島悦雄共著、対馬美香子イラスト　ＳＰＰ出版
『生物たちのハイテク戦略――デンキウナギはなぜ自分で感電しないのか？』白石　拓著　双葉社
『絵でわかるシリーズ　絵でわかる寄生虫の世界』小川和夫監修、長谷川英男著　講談社
『キャンベル生物学』池内昌彦、伊藤元己、箸本春樹監訳　丸善出版
『よくわかる生物多様性２　カタツムリ――陸の貝のふしぎにせまる』中山れいこ著、中井克樹総監修　くろしお出版
『ヒトデ学――棘皮動物のミラクルワールド』本川達雄編著　東海大学出版会
『食虫植物の世界――４２０種　魅力の全てと栽培完全ガイド』田辺直樹著　エムピージェー
『海獣図鑑』荒井一利文、田中豊美画　文溪堂
『ペンギンが教えてくれた物理のはなし』渡辺佑基著　河出書房新社
『新しい、美しい　ペンギン図鑑』テュイ・ド・ロイ／マーク・ジョーンズ／ジュリー・コーンスウェイト著、上田一生監修・解説　エクスナレッジ
『極楽鳥　全種　世界でいちばん美しい鳥』ティム・レイマン／エドウィン・スコールズ著　日経ナショナル ジオグラフィック社
『小学館の図鑑・ＮＥＯ　13　人間　いのちの歴史』　小学館
『生態学――個体から生態系へ』マイケル・ベゴン／ジョン・ハーパー／コリン・タウンゼンド著、堀　道雄監訳　京都大学学術出版会

集英社みらい文庫

ヤバい生《い》きもの

小野寺佑紀《おのでらゆうき》　著
大西信弘《おおにしのぶひろ》　監修
いのうえさきこ　絵

ファンレターのあて先
〒101-8050　東京都千代田区一ツ橋2-5-10　集英社みらい文庫編集部
いただいたお便りは編集部から先生におわたしいたします。

2018年2月28日　第1刷発行

発行者　北畠輝幸
発行所　株式会社 集英社
〒101-8050　東京都千代田区一ツ橋2-5-10
電話　編集部 03-3230-6246
読者係 03-3230-6080
販売部 03-3230-6393（書店専用）
http://miraibunko.jp
装丁　SPAIS（山口真里・熊谷昭典）　中島由佳理
印刷　凸版印刷株式会社
製本　凸版印刷株式会社

ISBN978-4-08-321421-9　C8245　N.D.C.913　170P　18cm

空《くう》想《そう》力《りょく》をみがけば

実《じっ》況《きょう》! 空《くう》想《そう》武《ぶ》将《しょう》研《けん》究《きゅう》所《じょ》

第《だい》3弾《だん》

2018年《ねん》3月《がつ》23日《にち》(金《きん》)

発《はつ》売《ばい》決《けっ》定《てい》!!!

残《のこ》るのか――!
限《げん》界《かい》を超《こ》えた
ゲームがはじまる!
50人《にん》の小学生《しょうがくせい》が最後《さいご》の一人《ひとり》になるまで
ひとつの競技《きょうぎ》でたたかう大会《たいかい》、ラストサバイバル。
「最後《さいご》まで残《のこ》った優勝者《ゆうしょうしゃ》はなんでも願《ねが》いごとがかなう」という。
小《しょう》6の桜井《さくらい》リクはラストサバイバルに参加《さんか》し、優勝《ゆうじょう》をめざすが…!?
このゲームは遊《あそ》びじゃない!!
おどろきのラストを見逃《みのが》すな!!
シリーズ絶《ぜっ》賛《さん》発《はつ》売《ばい》中《ちゅう》!

だれが最《さい》後《ご》まで
第《だい》3弾《だん》
ラストサバイバル
生き残りゲーム
つかまってはいけないサバイバル鬼ごっこ
大久保開 作
北野詠一 絵
集英社みらい文庫
つかまってはいけない
サバイバル鬼《おに》ごっこ
2018年《ねん》3月《がつ》23日《にち》発《はつ》売《ばい》
第《だい》1弾《だん》
最《さい》後《ご》まで歩《ある》けるのは
だれだ!?
第《だい》2弾《だん》
でてはいけない
サバイバル教《きょう》室《しつ》
生《い》き残《のこ》りゲーム
ラストサバイバル
大《おお》久《く》保《ぼ》開《ひらく》 作《さく》
北《きた》野《の》詠《えい》一《いち》 絵《え》

「みらい文庫《ぶんこ》」読者《どくしゃ》のみなさんへ

　言葉《ことば》を学《まな》ぶ、感性《かんせい》を磨《みが》く、創造力《そうぞうりょく》を育《はぐく》む……、読書《どくしょ》は「人間力《にんげんりょく》」を高《たか》めるために欠《か》かせません。たった一枚《いちまい》のページをめくる向《む》こう側《がわ》に、未知《みち》の世界《せかい》、ドキドキのみらいが無限《むげん》に広《ひろ》がっている。これこそが「本《ほん》」だけが持《も》っているパワーです。

　学校《がっこう》の朝《あさ》の読書《どくしょ》に、休《やす》み時間《じかん》に、放課後《ほうかご》に……。いつでも、どこでも、すぐに続《つづ》きを読《よ》みたくなるような、魅力《みりょく》に溢《あふ》れる本《ほん》をたくさん揃《そろ》えていきたい。読書《どくしょ》がくれる、心《こころ》がきらきらしたり胸《むね》がきゅんとする瞬間《しゅんかん》を体験《たいけん》してほしい、楽《たの》しんでほしい。みらいの日本《にほん》、そして世界《せかい》を担《にな》うみなさんが、やがて大人《おとな》になった時《とき》、「読書《どくしょ》の魅力《みりょく》を初《はじ》めて知《し》った本《ほん》」「自分《じぶん》のおこづかいで初《はじ》めて買《か》った一冊《いっさつ》」と思《おも》い出《だ》してくれるような作品《さくひん》を一所懸命《いっしょけんめい》、大切《たいせつ》に創《つく》っていきたい。

　そんないっぱいの想《おも》いを込《こ》めながら、作家《さっか》の先生方《せんせいがた》と一緒《いっしょ》に、私《わたし》たちは素敵《すてき》な本作《ほんづく》りを続《つづ》けていきます。「みらい文庫《ぶんこ》」は、無限《むげん》の宇宙《うちゅう》に浮《う》かぶ星《ほし》のように、夢《ゆめ》をたたえ輝《かがや》きながら、次々《つぎつぎ》と新《あたら》しく生《う》まれ続《つづ》けます。

　本《ほん》を持《も》つ、その手《て》の中《なか》に、ドキドキするみらい――。

　本《ほん》の宇宙《うちゅう》から、自分《じぶん》だけの健《すこ》やかな空想力《くうそうりょく》を育《そだ》て、〝みらいの星《ほし》〟をたくさん見《み》つけてください。

　そして、大切《たいせつ》なこと、大切《たいせつ》な人《ひと》をきちんと守《まも》る、強《つよ》くて、やさしい大人《おとな》になってくれることを心《こころ》から願《ねが》っています。

2011年《ねん》　春《はる》

集英社《しゅうえいしゃ》みらい文庫編集部《ぶんこへんしゅうぶ》